マツダ

心を燃やす逆転の経営

山中浩之

日経BP

まえがき

どん底で松明を掲げ続けた人々

この本で語られるのは、いったんは競争に敗れ、どん底に沈んだ中堅自動車メーカーで、自分たちの存在意義を見つめ直し、道を切り開いてきた人々の戦いだ。

語り手はマツダ元会長の金井誠太氏。車両設計が専門の生粋のエンジニアで、個性派揃いでこだわりが強いマツダの技術者集団を、あるときは煽り、あるときは叱りながらベクトルを合わせて、業務改革「モノ造り革新」を推進。規模が小さくてもきらりと光り、ユーザーを熱狂させる自動車メーカーにマツダを変貌させようと奮闘する。

その道のりはまったくもって平らかではなかった。

1980年代、マツダは自らの限られた経営資源を顧みず、トヨタ自動車と日産自動車の背中を追いかけて規模を拡大する戦略に打って出るが、バブル崩壊とともに1990年代に挫折。長期的な開発ビジョンが存在せず、行き当たりばったりの商品開発に技術者たちは翻弄され、販売現場は値引きに走り、マツダ車の価値は低下していく。

業績は低迷し、96年、ついに米フォード・モーターの傘下に入る。その後も、大規模な人員整理に踏み切るなどの苦境が続いた。乱売によって下取り価格も低くなり、一度買うと他メーカーのクルマに買い替えにくいことから「マツダ地獄」とまで揶揄される状況に陥った。

「親会社の意向は絶対」とは、マツダは考えなかった

外国資本の巨大メーカーに支配権を握られ、社長以下の役員まで送り込まれた会社では、「親会社の意向は絶対」と考えるクセがつき、現場は「我々が何を言ってもムダだ」と、思考停止に陥りがちだ。だが、金井氏らマツダの社員たちは違った。フォードに盲目的に従うのではなく、マツダが造るべき理想のクルマを、自分たちが主導権を握って生み出す

にはどうすればいいのかを自問自答し続ける。

その最初の答えが、金井氏がチーフエンジニアとなって開発し、２００２年に発売した初代「アテンザ」。「最高で超一流、最低でも一流」を合言葉に、すべてをマツダ主導でゼロから開発し、世界で１３４の賞を受賞するなど高い評価を得て、マツダ復活の足掛かりとなった。フォードもその力を認め、アテンザのプラットフォームを自社グループのミドルクラス車のベースとして採用したほどだった。

05年に研究開発担当の常務執行役員に就任した金井氏は、10年後を見据えたマツダの長期ビジョンの策定に乗り出す。対外的には07年に「サステイナブル〝Ｚｏｏｍ‐Ｚｏｏｍ〟宣言」として発表された。世界のベンチマークになるような走りの楽しさと、環境性能をあわせ持つクルマを開発するという、大きな目標を公開したのだ。

５～10年先を予測したうえで、全車種をまとめて企画・開発する「一括企画」。一括企画で開発する車種に搭載する、主要部分の技術的な要素をすべて統一し、得意のコンピュータ―シミュレーション技術をフルに生かして、開発全体の効率化とコスト低減を図る「コモンアーキテクチャー構想」。それらの車種を変種変量で同じ生産ラインで製造する「フレキシブル生産構想」、これら３つを合わせた「モノ造り革新」がその柱だった。

要約すれば、「自信を持って勝負できる分野に商品を絞り込み、その絞り込みによって研究開発や生産を効率化、〝マツダならでは〟の高い性能と品質、デザインを持つクルマを、低コストで実現しよう」となる。これがモノ造り革新の目的だ。

このためには、企画の立て方から仕様、生産設備まで、従来の車種との継続性を断ち切らねばならない、というのが金井氏らの判断だった。仕事のやり方も大きく変わる。商品を絞れば、逃がすユーザーも出てくる。このため、当初は改革への抵抗感のみならず「理解できない」「実現できるのか？」という声が大きかった。

リーマンショックにも、大震災にもへこたれない

そして同時にこの構想は、マツダの「フォードからの独立宣言」と受け止められかねない要素を内在していた。グローバルでブランドを超えてクルマの共通化を進め、規模のメリットを追求する、という、フォードの考え方とは明らかに矛盾している。金井氏らはフォードの技術陣と直談判し、マツダの独自路線を「黙認」してもらう形にこぎつけた。その後、08年のリーマンショック、11年の東日本大震災と人災天災が相次ぎ、マツダは再び

◉マツダの業績推移

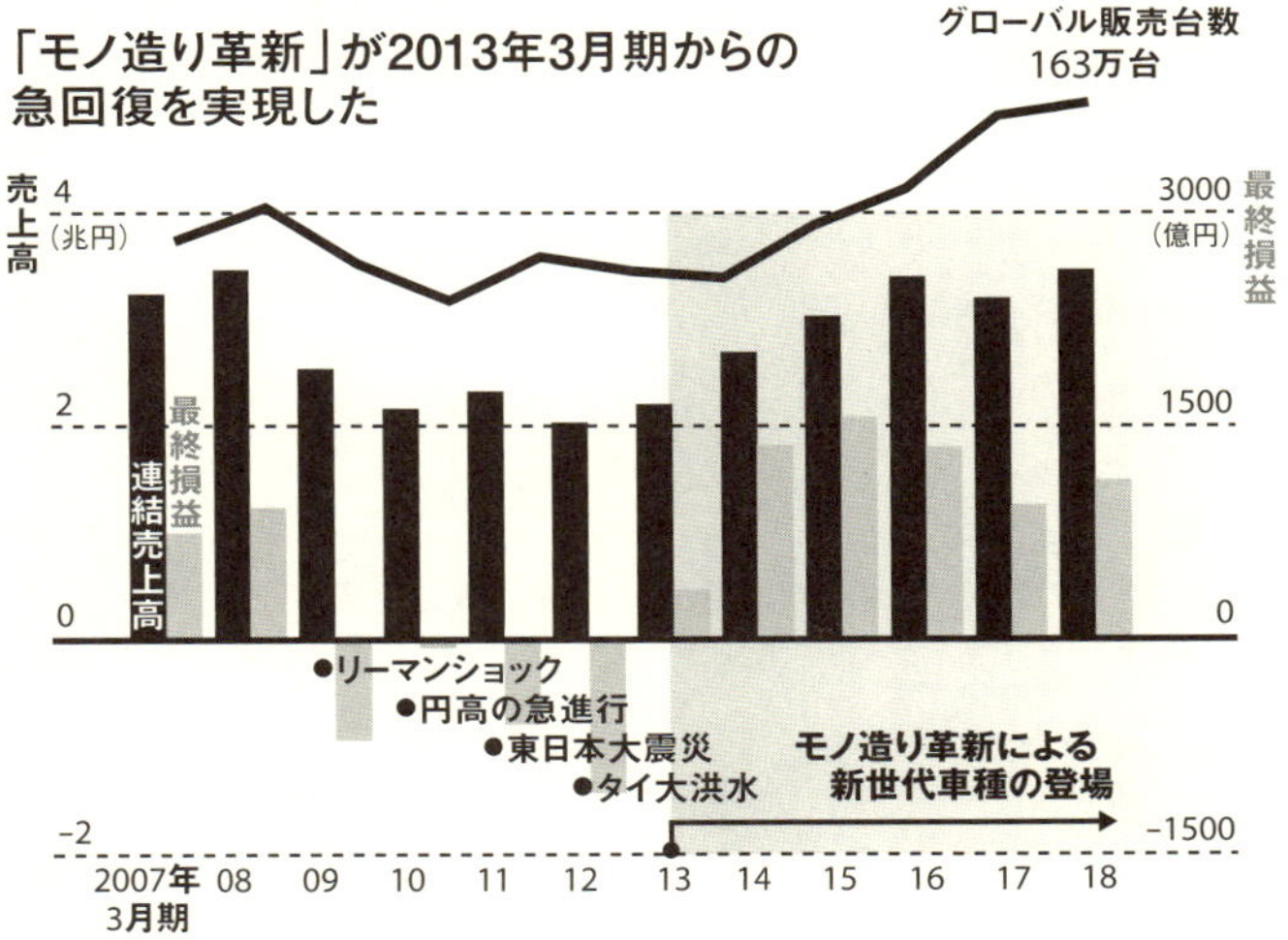

※2019年3月期の数字はマツダ発表の19年初時点の予測値

苦境に陥るが、モノ造り革新への投資は続行された。皮肉にも、金融危機でフォードはマツダの株式を段階的に売却し、資本業務提携は解消へと向かう。

10年10月、マツダは次世代技術「SKYACTIV(スカイアクティブ)」を世に問い「2015年までに全モデルの平均燃費を2008年と比べてグローバルで30%向上させる」とぶち上げた。「ガソリンエンジン、ディーゼルエンジンとも高効率でクリーンな〝理想の燃焼〟を実現する。マツダのエンジニアは、内燃機関の改善点を見出した」。会見に登壇した金井氏はこう語った。だが、当時はトヨタのハイブリッド車（HV）や日産の電気自動車（EV）が、注目を一身に集めた時代。メディアも世間も、電動化時代に内燃機関に力を注ぐことをアピールするマツダに冷ややかだった。

ついに風が変わったのは、12年。エンジンを筆頭に、過去とのつながりを断ち、すべてをスカイアクティブ技術に置き換えた「第6世代」の一番手、SUV（多目的スポーツ車）の「CX－5」が発売されて大ヒット。続くセダンの「アテンザ」、最量販車「アクセラ」、ラインアップの末弟「デミオ」、さらにはマツダのアイコン「ロードスター」が、スカイアクティブ技術と、統一感のある「魂動《こどう》デザイン」をまとって登場し、どれも人気車種となった。

販売台数は右肩上がりに増加し、18年3月期には163万台と5年連続で過去最高を更新。スカイアクティブ搭載車の発売前と比べると4割近く伸びている。

数字だけでなく、ブランドとしてもマツダの評価は大幅に向上した。米インターブランドの調査によると、マツダのブランド価値は10年の5億7700万ドルから19年に17億2800万ドルへと、3倍以上に高まっている。

企業人としてマツダを見た場合、その価値が最も分かりやすいのは、自動車業界の巨人であり、日本最強のモノ造り企業であるトヨタが、マツダとの株式の持ち合いを決めたことだろう。17年8月、トヨタはマツダとの資本業務提携を発表。米国で30万台規模の完成車の生産合弁会社を設立し、EVを共同技術開発、さらにマツダにトヨタの株式保有も認めるという、他に類を見ない厚遇ぶりを見せて業界を驚かせた。マツダのクルマ造りは、トヨタさえも魅了したのだ。

「走らせて退屈なクルマなんて絶対につくらない。マツダのこうした考え方に共感している。私たちの目指す『もっといいクルマづくり』を実践している」。トヨタの豊田章男社長は提携会見でマツダに最大級の賛辞を送った。エンジン車だけでなく、EVでもマツダと組むことを決めたのは、同社が持つ本質的な技術力を高く評価したからにほかならない。

逆転の原動力は、仕事のやり方を変えたこと

マツダが「マツダ地獄」から立ち直り、フォードの支配からも脱出し、トヨタと対等に手を組むに至った「逆転劇」。その原動力が、金井氏らが進めてきたマツダのモノ造り革新にある。

バブル崩壊後の経済低迷を受けて、マツダと似たような業績低迷に苦しみ、外資にすがった日本メーカーは少なくない。仏ルノーと資本業務提携した日産はその典型だ。電機メーカーでは、11年に中国ハイアールに買収された旧三洋電機の白物家電部門、薄型テレビのバブル崩壊で赤字に転落し、16年に台湾の鴻海精密工業に買収されたシャープもある。企業としては存続できても、経営の主導権を手放すことで、本来の資産であるはずの、ユーザーに愛されるユニークな商品を開発する力が弱まるケースが目立つ。

「松明《たいまつ》は自分の手で」とは、本田宗一郎氏と共同でホンダを創業した藤沢武夫氏が残した言葉だが、まさにこの言葉を実践するかのように、マツダの人々は自分たちの頭で考え、手を動かして、活路を切り開いてきた。

「失われた20年」は、本当に失っただけなのか？

「失われた20年」とひとくちによく言われる。しかし、失われるどころか、その20年でこれだけの逆転を為した企業がある。変革のカギは、マツダが愛するエンジン、内燃機関のごとく、社員たちの「心を燃やす」経営を実践したことだ。「心を燃やす」という言葉は、使い古されているし、ベタでもある。だが、この話に限ってはそうとしか書きようがない。

もちろん、現在のマツダに課題が残っていない、というわけではない。企業としての業績、将来性が満点ということでもない。そもそも金井氏をはじめ、そんなことはマツダの誰一人思っていないだろう。重要なのは、マツダの社員の心がなぜ燃えたか。それは仕事のやり方をがらっと変えたからだ。では、いったいどんなふうに変えたのか？　それは、自分の仕事でも応用できるのか？　もし可能ならば、マツダだけではなく、日本の会社はまだまだここから逆転劇を演じられるかもしれない。

そんな期待も秘めつつ、「モノ造り革新」の一部始終を、仕掛人の金井氏に2年半にわたって根ほり葉ほり聞いた。彼の答えを、これから生の言葉でご紹介する。今だから語れる後悔、奮闘、悔し涙と笑いの日々、復活の裏側のあれこれ、働く人の誇りと意地を、金井氏は熱く、ときにとぼけつつ語ってくれた。

Contents

Contents

クルマの構造について

クルマの大きな要素は、「ボディー（車体）」「シャシー（足回り）」「パワートレーン（駆動系）」に分けられる。マツダの場合はまず「商品戦略本部企画設計部」がクルマの企画を立て、パーツごとにそれぞれの担当部署が実際の開発を行っている。図では触れていないが、このほかにも内装、空調などさまざまな分野の開発・生産が必要だ。

シャシー（足回り）

タイヤとボディーをつなぎ、乗り味、走りの楽しさの大きなキモとなる「サスペンション」、「ステアリング（いわゆる“ハンドル”がつながる操作系全体）」、「ブレーキ」が含まれる。マツダでは「車両開発本部シャシー開発部」が担当する。

ボディー（車体）

クルマの土台となる「プラットフォーム」、プラットフォームにその名の通り「柱」としてタテに立つ「ピラー」（フロントの窓枠に当たるのがAピラー、車体中央がBピラー、後部の窓、リアウィンドウの枠に当たるのがCピラーと呼ばれる）、エンジンの場所と車室を区切る「バルクヘッド」、写真では省かれているが、各ドアや直接目に触れる外板となるアウターパネルが含まれる。マツダでは「車両開発本部ボデー開発部」が担当する。

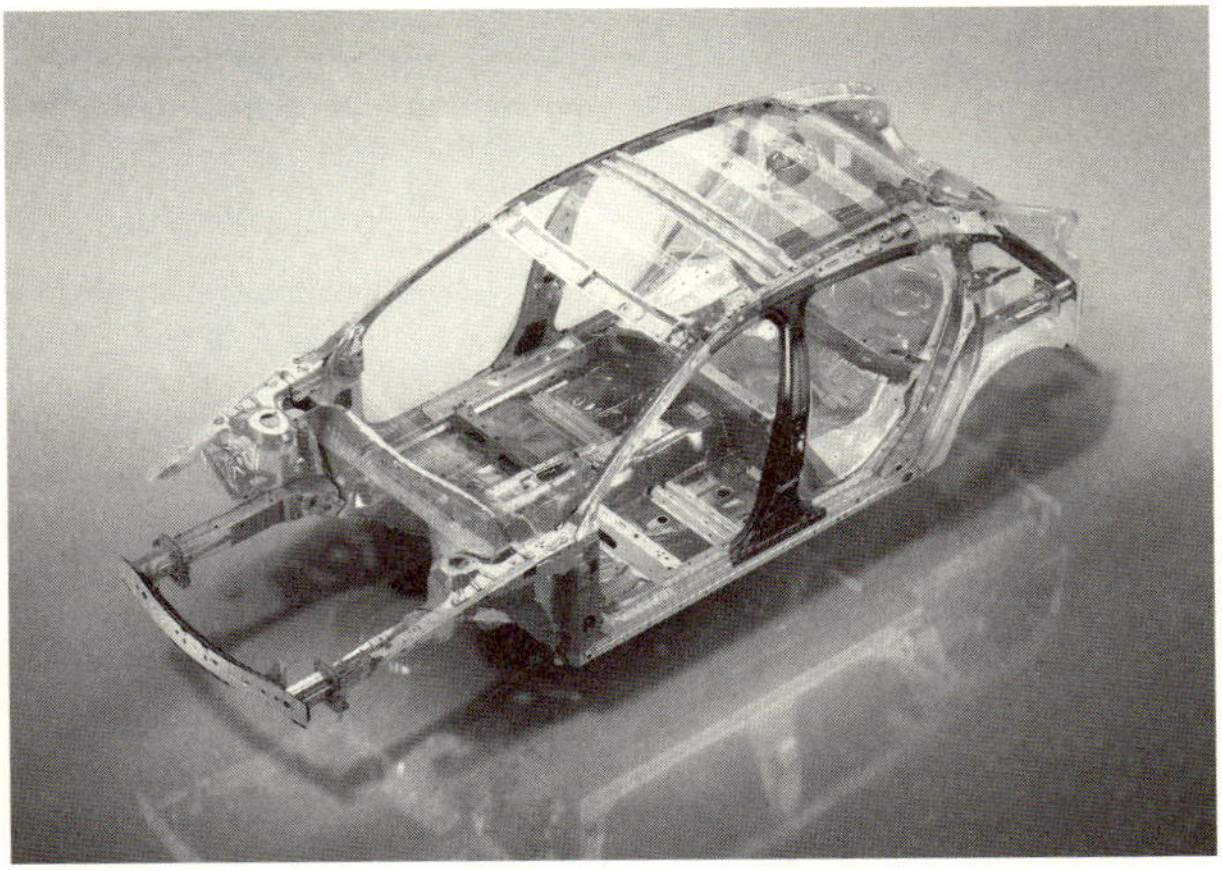

パワートレーン（駆動系）

クルマの動力源と、それをタイヤに伝達するまでを受け持つのがパワートレーン（PT）。駆動系とも呼ばれる。「エンジン（写真左）」「トランスミッション」「デフ（デファレンシャル）」、後輪が駆動輪のFR車や四輪駆動車の場合は「ドライブシャフト」も含まれる（右上の写真は前輪で駆動するFF車なのでドライブシャフトはない）。動力源は一般的にはガソリンエンジン、ディーゼルエンジンといった「内燃機関」、ハイブリッド車の場合はエンジン＋モーター、電気自動車ならばモーターのみ。トランスミッションとは「変速機」のこと（役割は自転車のギアと同じ）。マツダでは「パワートレイン開発本部」が担当する。

◉マツダ(●)と金井誠太氏(◆)の歩み

1950年	◆ 金井氏生まれる
1974年	◆ 東洋工業(現マツダ)入社、シャシー設計部に配属
1979年	◆ GVE導入実習教育に参加
1987年	◆ シャシー設計部門在籍のまま、先行企画部門にはいる
1989年	**● マツダ、5チャンネル体制へ**
1989年	◆ 車両設計推進部に転籍、ユーノス800の車両設計リーダーを担当
1991年	◆ 車両設計部、新技術・GVE担当を兼務
1993年	◆ 企画設計部に転籍、プラットフォーム展開計画を策定。 後の「一括企画」の萌芽
1994年	**● マツダ、赤字転落。5チャンネルの統廃合開始**
1996年	**● フォード、マツダ株の33.4%取得。マツダはフォードに経営権を握られる** ◆ 車両先行設計部の初代部長に就任
1999年	◆ 主査本部に転籍、アテンザの主査に就任
2001年	**● マツダ、希望退職者を募集。1800人の枠に2213人が応募**
2002年	**● マツダ、初代アテンザを発売。RJCカー・オブ・ザ・イヤーを受賞** ◆ 車両コンポーネント開発本部長に就任
2003年	**● マツダ、井巻久一氏が日本人として7年ぶりに社長就任** ◆ 執行役員に就任、開発管理担当を兼務、翌年に常務執行役員に
2005年	◆ 研究開発も担当、「2015年ビジョン　商品・技術」策定を主導
2006年	**● マツダ、業務改革「モノ造り革新」を開始** ◆ 取締役専務執行役員に就任、研究開発担当
2008年	**● リーマンショック発生、フォードはマツダ株を売却し残りは13%に**
2011年	**● 東日本大震災** ◆ 代表取締役副社長執行役員に就任
2012年	**● マツダ、「第6世代」の1号車となる、初代CX-5を発売**
2013年	◆ 代表取締役副会長に就任
2014年	**● マツダ、4代目デミオが日本カー・オブ・ザ・イヤーを受賞** ◆ 代表取締役会長に就任
2015年	**● フォード、全マツダ株を手放す** **● マツダ、4代目ロードスターが日本カー・オブ・ザ・イヤーを受賞**
2017年	**● マツダ、トヨタと資本業務提携で合意、 10月に相互に株式持ち合いに踏み切る**
2018年	◆ 会長を退任、相談役に
2019年	**● マツダ、「第7世代」車両群を発売開始**

Chapter

1

マツダのクルマはどうしてこんなに見た目が似ているのか

「金太郎飴？それで大いにけっこうです」

左の写真に並んでいるのは、２０１２～17年の間に発売されたマツダのクルマ６車種。屋根のないスポーツカーから伝統的なセダン、ハッチバックにSUVまで、すべて「同じデザイン」で造られたことが分かる。まあ、よく似ている。似すぎていて、「金太郎飴だ」という声もあるほどだ。人並み以上にクルマが好きな著者が見ても、車種を見間違えることがある。この後に発売された２代目「CX‐5」と「CX‐8」も、同じモチーフ、魂動《こどう》デザインだ（これら12年以降の車両群を、マツダは「第６世代」と呼ぶ。正式名称ではないが本書でもそう呼称する。「第７世代」は19年から登場）。

マツダの第６世代は、なぜこうも似たクルマばかりになっているのか。

マツダの「第6世代」車両群（2012 ～ 17年の間に発売を開始した車種）

――デミオ、アクセラ、CX-5、ロードスターにアテンザ。写真で並べてみると改めて……なんと言いますか。

金井誠太氏（以下金井）「金太郎飴」でしょう。

――言われてしまいました。

金井「全部似ていて、『マツダだ』というのは分かるけれど、クルマごとの名前が分からない」と、よくご意見をいただくんです。はい、それで結構。金太郎飴で大正解、大成功なんです。

――しかし、金太郎飴って「個性がない」ことの言い換えですよね。

金井　1974年にエンジニアとしてマツダに入社して以来、うちのクルマを「金太

「赤いコスモ」こと、コスモAP（1975～81）　※以下、年代は国内販売期間

郎飴にする」ために、ずっと考えて、働いて、40年以上かかってやっとここまで来た、そう言ってもいいかもしれません。

――「マツダのクルマに個性なんていらない」と？

金井　違います。もちろんそうじゃない。そもそもですが、マツダのクルマは昔から「個性」が売り物です。「個性あざやかに。品質のマツダ」。ご記憶にありませんか。

――ありますす。金井さんがマツダに入社されたころですか。

金井　80年代のコピーですね。私が入社した74年は、社名はまだ東洋工業でした。

――東洋工業！　当時のクルマは？

金井　「新入社員、いいもん見せちゃる」

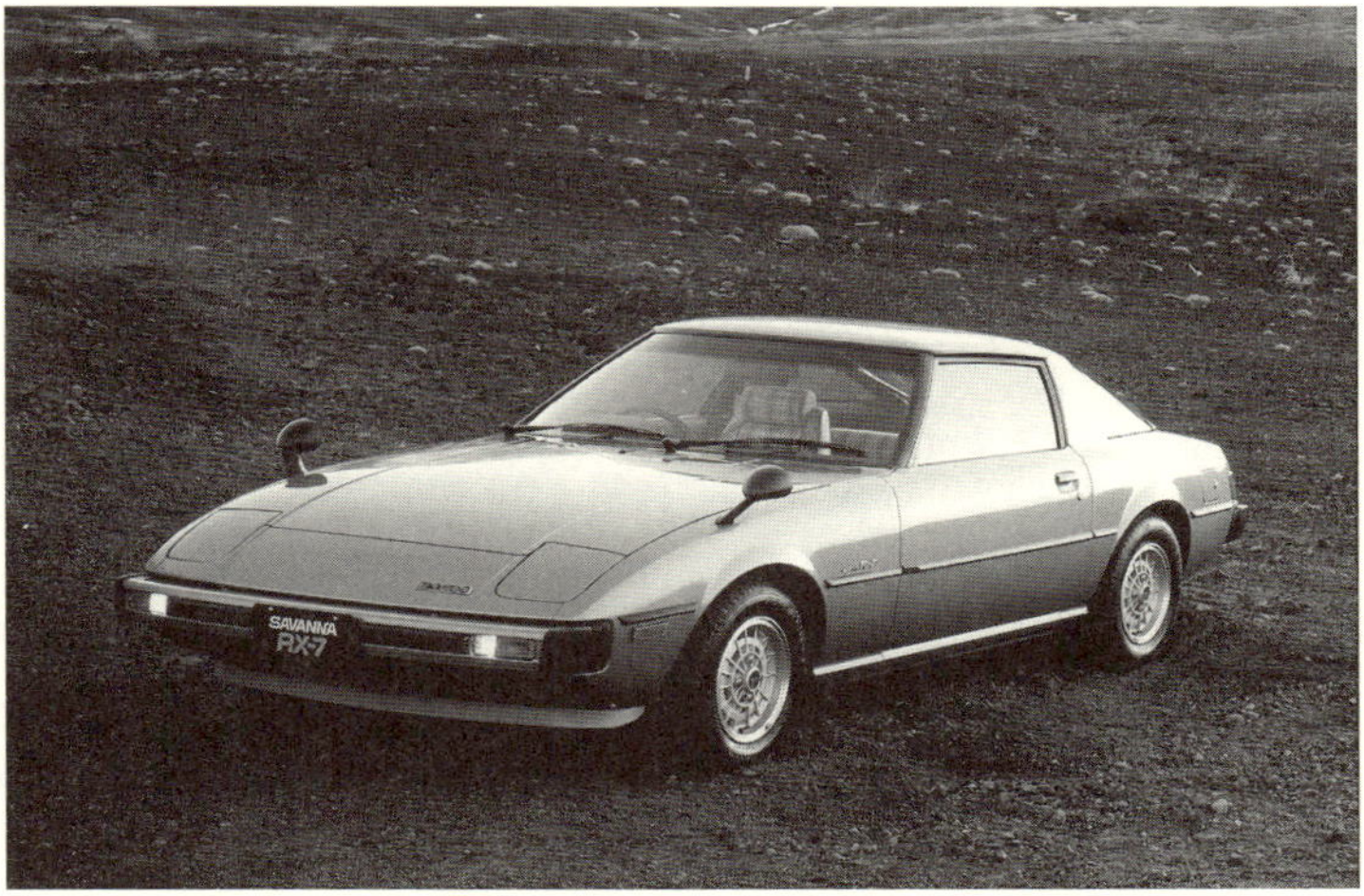
「サバンナ RX-7」こと、初代RX-7（1978～85）

って、入社早々、先輩が試作工場でのぞき見させてくれたのが、「赤いコスモ（コスモAP）」。

――あれは子供心にも「これは今まで見たことのない、力強いデザインだ」と印象深かったです。ミニカーも買いました。

金井 私も「おおっ、かっこいいな」と思って、わくわくしたのを覚えています。75年10月に発売、大ヒットになりました。

――でも、昭和のマツダといえば、なんといっても「サバンナ RX-7」。日本初のリトラクタブルライト（ヘッドライトがボンネットの上に飛び出す、70年代に大ブームになった「スーパーカー」の象徴的アイテム）搭載車ですよね。

「赤いファミリア」こと、5代目ファミリア(1980～85)

金井　はい、78年に出て、日本では久々のスポーツカーとして大人気になりました。その後も、80年に出て最初の日本カー・オブ・ザ・イヤーをいただいた「赤いファミリア（ファミリアの5代目）」は、一時はトヨタ自動車さんのカローラを凌ぐ販売台数を記録しました。そして、89年にはマツダのロードスターの初代「ユーノス・ロードスター」が出て、世界的なオープンカーブームを巻き起こしました。

――思わず記憶を遡ってしまいましたが、失礼ながら企業規模が小さいわりには、マツダからは印象的なクルマが数多く生まれているように思えます。

金井　そうなんです。僭越な言い方を許し

「ユーノス・ロードスター」こと、初代マツダ・ロードスター（1989～97）

ていただければ、マツダは「記憶に残るクルマ」をいくつも造ってきた、と思います。自分は、それを誇らしく思う一方で、開発を担当する技術者として、マツダのクルマに「もっとどうにかならないのか」という思いもずっと抱えていました。

―― しかし、印象に残る＝ほかにない個性があるということで、それはとても大事な、そして製品の開発者にとっても幸せなことではありませんか？

金井 実例を挙げたほうが分かりやすいでしょう。例えば、「ルーチェ」という車種。最初のルーチェはイタリアのデザイン会社、ベルトーネの手による、欧州車らしい洗練された雰囲気をまとっています。

――ありましたね。今見ても素敵なデザインだと思います。

金井　ところが、その次のルーチェは、マッチョな米国車のような外観になりました。

――えっ、これ、ルーチェだったのか?!　ファミリアのでかいのだと思っていました。

金井　「これはやりすぎた」ということだったのか、3代目ではまたヨーロピアン調に戻ります。背が高くて、居住性を重視したデザインです。と思ったら、次は背が低くなり、最後はとがったところが少ない、オーソドックスな感じになりました。

――見事なくらいバラバラですね。

金井　ええ。その時代ごとの流行はありますから、どのメーカーでも多少のブレは当然存在しますが、その中でもマツダは振れ幅が極端だった。

――それぞれ「個性的」ではあるけれど、統一感がない。

金井　よく言えば、やりたい方向に振り切ってはいるんです。でも、モデルチェンジのたびに、前作と正反対と言っていいくらい違うクルマが出てくる。これでは、「ルーチェ」がどういう商品なのか、顧客にきちんと伝えることができません。せっかく「こういうクルマが好きだな」というファンができても、次で離れてしまう。

――なぜ、極端な変化を繰り返したのでしょうか。

初代ルーチェ（1966～72）

2代目ルーチェ（72～78）

3代目ルーチェ（77～88）

4代目ルーチェ（81～86）

5代目ルーチェ（最終型、86～91）

金井　自分の経験を通して思うことは、当時のマツダでは、デザインも、そしてクルマの中身についても「個性を大事にする」という強烈なインプットが、社員になされていました。経営陣から「一にも二にも個性だ。個性がないとダメだ」と言われたものです。私が所属していた開発部門も、とにかく新しいものを、と奨励されていた。日本初、世界初を提案しろと。

「個性がなければ生きる資格がない」と言うけれど……

金井　社内では、こんな言葉もありました。「利益がなければ生きていけない、個性がなければ生きる資格がない」

――お、『プレイバック』（レイモンド・チャンドラー著）の主人公、フィリップ・マーロウの名セリフをもじりましたか。

金井　そのように嬉しそうにお話をされるリーダーの方がいらした。

――しかし、これは嬉しそうにもなるでしょう。今でも使えそうな、いいセリフではないですか。経営層が世界初を求め、個性を重視する、って素晴らしくないですか。

金井　もちろん、誰もやっていないこと、世界初をやってみせろと言われるのは、技術者としては嫌なわけがありません。正直に言えば自分も、その指示に乗っかる形で、好き勝手やっていたこともありました。いい方向に作用することも多かった。でも一方で、エンジニアが張り合って、共用しても差し支えのない部分を「別の車種のために作られたパーツなんか使えるか」と主張して新規に開発したりと、ムダにつながったことも多々ある。

――なるほど。

金井　私がフラストレーションを感じていたのは、「どの方向に向かっての〝個性〟なのか、もう少しはっきり示してほしい」ということでした。

――個性に、方向が必要なんでしょうか。

金井　個性を重視するのはいいんです。嬉しいんです。だけど「新しければ、360度どこに向かってもいいよ」みたいな話はどうなんだろう。ばらばらに出てくる新しい提案が通るたびに、技術者はそれをクルマとして実現するための方策を考えねばならない。蓄積が利かず行き当たりばったりというのは、本当に疲れますよ。

次から次に出てくる新提案に流されて、技術の蓄積・熟成を待たずに発売したり、すぐにやめて次に行ったりするケースが多かった。資金もそうですが、より貴重なリソースは

「時間」です。

――ええと、そもそもですけれど、クルマの個性ってどのように形成されていくものなのでしょう。見た目の違いは分かりますが……。

全方位展開すると「やりなおし」が増えていく

金井 個性は、クルマを構成する要素のバランスから生まれる、と考えると分かりやすいでしょう。要素とは、例えばエンジンの性能、足回りの性能、室内の空間、外観、デザインですね。もちろん快適装備関係も。そして、開発に使える予算と時間は限られています。

競合車と戦うときに、何を武器にするか。足回りにお金を掛けようか、いや、足回りは一番安いので我慢してエンジンを最新に、あるいは、それもいいから内装だけを立派にするとか、いろいろ考え方はある。どこに予算と時間を投入するかで「個性」が作られるわけです。

――なるほど。これはクルマ以外でもそうですね。予算と時間の枠があるのだから、それをどう振り向けるかで商品の「個性」が決まる。

金井 「内装で突出したい」、という人もいるし、「少々操安性（ハンドリング、運転の快適さ）が悪くても、剛性不足でぐにゃぐにゃでも、大きな荷室が売りなんだ」という企画をしたい人もいる。実際にそういう企画も出てきたりするんですよ。それを受けて、中身を開発する部署が、それに応じた設計をその都度行っていたんです。

―― 金井さんがやっていたシャシー部門、足回りなら「前のルーチェは走りの良さを追求していたけど、今度は乗り心地重視か、またいろいろ開発しなくちゃ」みたいな感じですね。方針が定まらないと「最初からやりなおし」の仕事が増える。確かにどんな仕事でも「ごめん、これ最初からやりなおして」と言われたら、気力体力が消耗しますね。

金井 どこのメーカーでも同じようなことはあると思いますが、マツダは「個性」「世界初」をトップが強く求めたことで、新しいクルマを造るたびに「やりなおし」になる仕事が多かったのでしょうね。

これは、もちろん悪いことばかりではない。よく言えば新技術に積極的だったし、印象に残るクルマが出た理由でもあります。

―― そういえば、ものすごく内装に凝ったクルマがありましたね。思い出した。「ペルソナ」だ。当時大ヒットしていたトヨタの「カリーナED」対抗で出た車高の低い４ドア

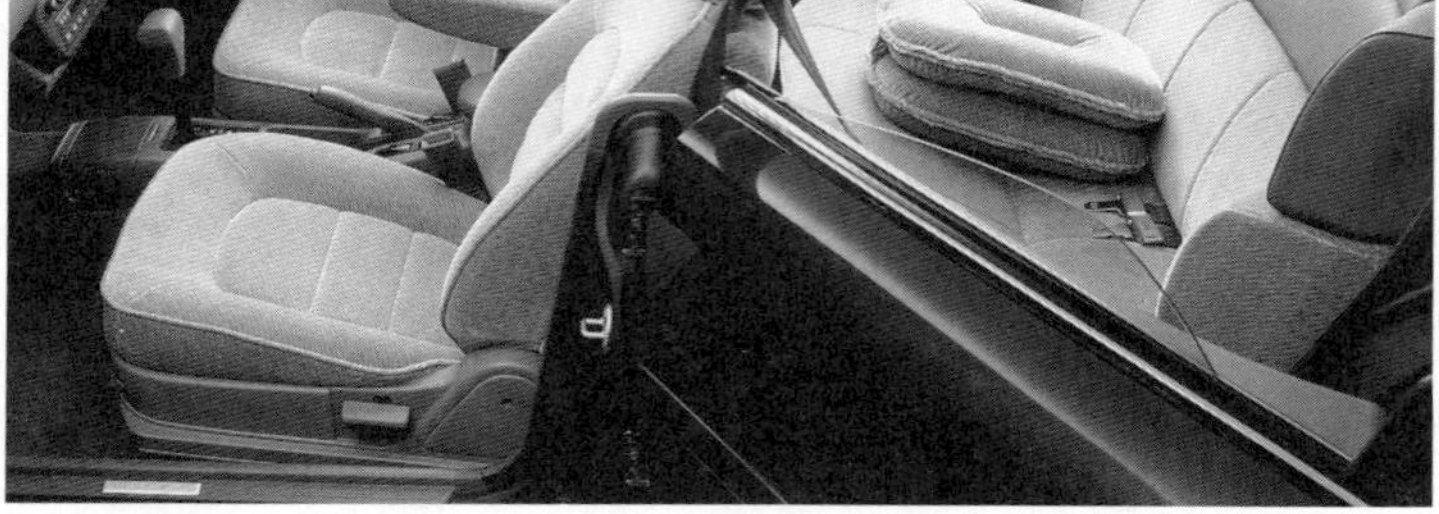
ペルソナ（1988～92）

セダン。キャッチフレーズはたしか「インテリアイズム」。ある意味印象に残っています。

金井　あれは、内装で一点突破して競合に勝とうとした車種です。乗員をぐるっと囲むインテリアを実現させた。

――実は当時、近所のマツダレンタカーで借りて乗ったことがあります。

金井　そうですか。いかがでした？

――……うーん、正直申し上げて、内装がどうこうより「こんな運転しにくいクルマは初めてだ」と驚いた記憶しかありません。売れたのでしょうか？

金井　……うーん。ただ、経営に携わるようになってから当時を振り返ると、なぜト

◉マツダは1981年に三菱を抜いて国内3位に浮上していた

1981年の国内新車販売台数（軽乗用車を除く）

1位	トヨタ自動車	149万2699台
2位	日産自動車	113万4347
3位	マツダ	33万4276
4位	三菱自動車	32万7545
5位	ホンダ	19万2646
6位	いすゞ自動車	18万9475
7位	ダイハツ工業	7万1546
8位	富士重工業（現SUBARU）	5万6555

出所：日本自動車販売協会連合会

ップがあそこまで「個性、個性」と言ったのか、理解はできるように思います。

当時のマツダの企業規模を、例えば私が入社して8年ほど経った81年の数字で見てみますと、首位はトヨタ、2位が日産自動車、そして、大きく離れますが3位が当社でした。

――実は社史を読んで驚いたのですが、マツダは60～62年までの3年間、年間自動車生産台数でトヨタを抜いて日本一になっているんですね。三輪トラックが主役の時代ならではの話で、売上高ではトヨタよりずっと小さいとはいえ、かつて「量で勝った」時代もあった。

金井　そんな記憶も影響してか、国内第3

位の自動車メーカーとして、トップ2社にかなわぬまでも伍していきたい気持ちが強かった。大手には難しい個性的なクルマが、その武器になる。個性をとがらせるためには、世界初の新技術や新しいデザインをどんどん取り入れていく必要がある――。

――それで「個性がなければ生きる資格がない」と。

「ソニー」になりたかったマツダ

金井　話していて思い出しましたが、当時の経営層から、「自動車業界の中で、ソニーのような存在になりたい」という思い、憧れを聞いた記憶があります。

――なるほど、それは分かりやすいイメージです。例えばトヨタがナショナル（現パナソニック）、日産が日立なら、我々はソニーだと。あか抜けたデザイン、機能も独特、最大手とははっきり違う「個性」がある。ああいうメーカーになりたい。

金井　まあ「規模では一歩譲っても、見た目も中身も新しいこと、面白いことをやる企業になるんだ」ということでしょう。

――でもそれは社員にとっても決して悪くない、どころか、魅力的な目標ですよね。

金井　ええ。そして技術者の我々も、「面白いクルマを出す」ということには魅力を感じていたし、そうしたかったんです。でもそれが「とにかく新しいことをやらないとダメだ」という強いプレッシャーになっていった。もちろん、方向が定まっていなくても、他社にない個性が市場に見事に刺さることは何回もありましたよ。先に申し上げた赤いコスモ、RX-7、赤いファミリア、ユーノス・ロードスターなどは、どれもすさまじく売れました。開発者がヤマを張ってフルスイングしたところに狙い球が来て大ホームランになった。

――だから「記憶に残る」名車がいくつも出てきたわけか。

金井　そうです。だけど冷静に振り返ると、長続きはしなかった。いわゆる「一発屋」でした。全社的に「こっちだ」と方向を決めていないから、まぐれの大ヒットは時々出るけれど……。

――次はまた違う方を向いてしまう。だから当たりが続かない。

金井　しかし「個性重視での大成功」は、マツダにとって強い記憶となるわけです。「うちの勝ちパターンはこれだ。また個性的なクルマで一山当てたい」と考えるようになる。企業体力が乏しいマツダにこれが許された背景には、バブルの時期までは自動車の市場全体が拡大期にあったので、空振りしてもすぐ次に行けたこともあるでしょう。

一方で、営業としては、トヨタ、日産に次ぐメーカーの一角としての地位をさらに高めるべく、台数を追いたい。「そのためには、トヨタ、日産と同じような、小さなクルマから大きなクルマまで、幅のあるラインアップが必要だ」という話になる。そして当時の経営は、個性と数を両立させようともくろんだ。だから、「個性がなければ生きる資格がない」とまで言いつつ、フルラインアップ化を行った。

リソース不足のまま、正面戦争を挑んだ

――個性的な車種で、トヨタ、日産と張り合う商品を揃えようと。

金井 しかし、これは戦略として成り立っていなかったと思うんです。だって、トヨタ、日産とマツダでは企業の体力差が歴然です。投資できる資金の額が違う。人の数が違う。それなのにフルライン化しようという。いや、それどころか、トヨタ、日産は軽自動車を出していなかったので、登録車と合わせればトヨタ以上の幅でやる、ということになってしまいます。

――だったら、軽を外すとか。

金井　いや、もともとうちは、四輪車は軽自動車からスタートした歴史があるからそれはダメ。でもトヨタと張り合いたい。「クラウン」や「センチュリー」と戦える大きなクルマが欲しい。うちは最上位車種のルーチェでも、クラウンと比べてサイズが小さすぎる。いっそ、ルーチェを捨てて大きい車種を出すか。いや、ルーチェは看板車種だから外せない。じゃあ、と、さらに大型の「ロードペーサー」を出す。

――ロードペーサー……元クルマ少年としては悔しいことながら、見た記憶もないし、イメージが全く浮かびません。

金井　当時の「これではダメだ」という思いは、その後の自分の考え方に大きく影響しています。

企業にとって、個性が重要なことは分かる。量が欲しい、というのも企業としては自然な発想でしょう。けれども、その個性で何を目指すのか、最終的には質なのか、量なのか、質なら、どういう部分の質なのか。会社として決めてはっきり提示しないと、企画も開発も営業も販売も、本来の力を発揮できない。

――でも、各自が自由闊達にいけいけどんどんやりたい放題、という組織も、働く側としては全然悪くないと思うんですけれど……。

金井　自由闊達は大いにけっこうだと思います。だけど、まず、最初に大きな方針を考え抜いて「これでいこう」と決めてから、その方向に向かっていけいけどんどんで走り出すべきなのです。

――走り出す前に考える。

インコース高めに剛速球を

金井　そういう意味で、2000年にマツダのブランドイメージを定義する活動の中から「Zoom-Zoom」という言葉が出てきたことは、クルマの開発者としては大変嬉しかったし、「マツダが目指すクルマ造りはこれだ」と、よって立つべき指針が出てきて、しかもそれが自分の考えと極めて近かったことで、救われました。06年から始まって現在に至る「モノ造り革新」も、これがなければ始まりませんでした。

――「Zoom-Zoom」は、子供がクルマの玩具を走らせるときの「ブーン、ブーン」という英語の擬音だそうですね。クルマを運転するワクワク感やときめきをユーザーにもたらすことを象徴する言葉として選ばれた。それが、マツダのクルマの「個性」を揃えて目指す方向だと。でもそれは、実際のクルマとしてはどういうことになるんですか。

金井 「マツダのクルマの〝個性〟とは、こういうことだ」と明確にするため、05年の研究開発担当の常務執行役員時代に、社内に向けて「マツダが目指すクルマは、インコース高めのストライク」と宣言しました。

――インコース高め。打者の胸元をえぐる感じですかね。

金井 ストライクゾーンの真ん中は、例えばトヨタさんが投げる。同じものは投げちゃいかん。距離を取れ。じゃ、どこに？ インコース高めでもアウト低めでも、ど真ん中から距離があれば、うちの個性にはなるわけです。

――それだったら、どこに投げてもいいわけで……。

金井 と、やってしまったのがそれまでのマツダ。球筋をクルマごとに変えてしまうから、個性はあるんだけど、一定しない。だから技術もブランドイメージも蓄積できない。

私にはずっと、全部のクルマを1つの方向に揃えたい、そこに、大手に比べて限られたマツダの全力を投入すべきだ、という気持ちがあったんです。そこで、「Ｚｏｏｍ‐Ｚｏｏｍ」の感覚を野球に例えるならば、打者に真っ向勝負を挑む「インコース高め」だ。そのコースに、「世界一の剛速球」、すなわち「世界のベンチマークに足る品質」で投げ込もう、それがマツダのクルマだ、と。もちろんボールになってはいけない（笑）。
この方針で開発されたのが、12年から出てきたマツダの第6世代のクルマです。皆様からいただく「マツダだというのは分かるけれど、車名が分からない」というご感想は、「そうでしょう、そうでしょう」という、我が意を得たり、のお言葉なんですよ。

デザインだけ合わせても意味がない

――「インコース高め」のクルマだ、という方向に、見た目、外観のデザインテイストを揃えたわけですね。そして同じ志向のデザインが揃うと、「マツダ」として認識してもらいやすくなる。

金井 はい、そうですけれど、それで半分です。

――半分？

金井 揃えているのは見た目だけではありません。今のマツダのクルマは、中身の考え方も揃えているんです。見た目はものすごく重要です。でも、外観だけ揃えても、中身が変わらなければ、購入したユーザーが失望して、すぐ化けの皮が剥がれます。それでは、見た目に力を入れる意味すらありません。

――なるほど。中身の考え方が揃っている。ということは、「今のマツダのクルマは外観だけでなく、設計や部品も共通化しているんだよ」ということですか?

金井 違います。よく誤解されますが、「同じモノの使い回し」という共通、共用化ではないのですよ。私たちが「モノ造り革新」で揃えたのは「考え方」です。外観が金太郎飴化したのは、さっきおっしゃった「デザインテイストを揃える」ことを目標に据えたこともありますが、クルマの中身についての考え方が揃えられた結果、でもあるわけです。それが残りの「半分」です。

――今言われた、クルマの中身についての「考え方」と、先ほどの「インコース高め」というイメージの共通性とは、違うお話なんですか?

金井 つながっていますが、違います。社内で、自分の会社の製品のあるべきイメージを、例えば「インコース高め」と共有する。これはとても重要ですけれど、「考え方」を揃える、共通化する、というのは、もっともっと具体的な、製品に密着した話です。

――さっき「一発屋」と言われましたが、第6世代は12年のCX‐5から始まって、アテンザ、アクセラ、CX‐3、デミオ、そしてロードスターと、かつての一発屋がウソのような連続ヒット。これは「同じ考え方」で造り続けているから当たり続けている？

「いつかは失敗する」と考える負け犬根性

金井 そうです。社内では、これだけ当たり続けているので、「ハズレが出ないとかえって不安だ」なんていう人もいるくらいです。

―― あはは（笑）。

金井 いや、自慢話ではないし、笑うところでもありません。一発に頼り続けたマツダは、社員が本当にそういう気持ちを持ってしまうくらい、「継続してヒットを打つ」ことが苦手な会社だったんですよ。言葉を選ばずに言えば「一度うまくいってもいつか失敗するんだ」と考える「負け犬根性」が染みついていた。

―― 負け犬根性、アンダードッグな会社が、連続ヒットを打てるようになって、ブランドイメージも向上した。その変化は「モノ造り革新」で、「考え方」を揃えたことから起こった……。ということになりますか。どうすれば、そんなことが可能になるんですか？

金井 仕事のやり方を変えるんです。すべてはそこから始まります。

Chapter

2

「オールニューで拡大」の罠
マツダは泥沼へ

「売れないクルマを一生懸命造るのは空しい」

トヨタ、日産といった大手とマツダとの企業体力の差は明らか。ならば限られたリソースを集中させて、生き残りを図る。そんなマツダの戦略のコアが「モノ造り革新」であり、そこから生まれたのがマツダの「第6世代」のクルマたち。第6世代は成功し、マツダの業績、そしてブランドイメージを一変させた。これは「単発のヒット商品の生み方」では不可能なことだ。連続ヒットを生み出せるように「仕事のやり方」を変え、会社の体質を変えたのだという。どうやったら、そんなことができるのだろう。

いきなり「モノ造り革新」が完成した姿を見るよりも、歴史的な背景を追っていく方が理解しやすい。30年ほど、時計の針を巻き戻してみよう。

――自分の会社の商品開発について「どうにかならないのか」と感じていたと伺いました。当時は今から30年くらい前、1988年ごろですね。マツダはバブル景気を背景に、国内シェアの倍増を目指していました。プラン名は「B‐10計画」でしたか。

金井　「今が国内シェア拡大の最後のチャンスだ！」とおっしゃる方がいらして。3つあった販売チャンネルを、当時のトヨタさん並みの5チャンネル体制にしようとしていました。それぞれのチャンネルに商品が必要ですから、車種を爆発的に増加させねばならない。

――当時、金井さんのお仕事は？

金井　私はクルマの企画を立案する先行企画部門に潜り込んで、これから出るクルマの、足回り（タイヤと車体をつなぐサスペンションなどの部分）の企画のお手伝いを始めました。87年のことです。一気に車種を増やすために、「ユーノスコスモ」「センティア」「クロノス」とその兄弟車、そして、「ユーノス800」などの開発がさみだれで動いていました。

――自分が一番クルマに興味があったころですから、全部覚えてますよ。販売チャンネルが「マツダ」「アンフィニ」「ユーノス」、それに「オートザム」「オートラマ」。主力車種が「クロノス」。それが5つの販売チャンネルごとに「クロノス」「アンフィニMS‐8」

クロノス(1991～95)

「ユーノス500」「オートザム　クレフ」「フォード　テルスター」になって……これ、名前は違いますが、全部中身は同じだったんでしょうか？　いわゆる「バッジエンジニアリング」(車名のバッジだけが相違点で中身はほぼ同一)みたいな。

金井　いえ、結構車種ごとに違いますよ。一つひとつに個性をどうやって持たせるか苦心はしていました。例えばボンネットの高さが変わるとか、クルマの幅が変わるとか、タイヤが少し変わるとか、ホイールベース(前輪の軸と後輪の軸の間の長さ。長ければ安定性が増し、短ければ俊敏になる)が延びたり、縮んだりするとかですね。

――　クルマとしては、クロノスってどう

ユーノス500（1992～96）

だったんですか。

金井　クロノス兄弟はその前の「カペラ」に比べて、車体が大きくなり3ナンバーにはなった。けれども、技術的な進歩は少なかったかもしれません。ただ、MS-6、ユーノス500などは、デザイン的には非常にユニークだった。

——でしたね。ユーノス500は今でもファンがいるくらいで。しかしこれだけの車種を、通常なら1モデルの開発期間で全部考えろ、ということになったわけですか。

金井　技術者個人としては……、まあ、これは本当に、付加価値のあまり高くない仕事をやっていたとは思いますよ。最初の一モデルを造るのはいいんですけどね、そこからは、ちぎっては投げるような開発をやることになって。辛い仕事になるなと感じていました。

——仕様が決まっていて、新しいことがなかなかできないからですか。

やりたいことは全部できた。それでも幸せではない

金井　いや、そこはむしろ逆です。「このクルマの足回りをどうするか」という相談を企画部門から受ける立場にいて、「こういうサスペンション（クルマの走りや乗り心地を決めるパーツ。さまざまな形式がある）を新しく作っては」と言うと、たいてい通りました。「ついこの前思いついたばっかりのアイデアなので、今からだと日程的には厳しいと思うけど、採用してみますか」と聞くと、当時の主査（開発責任者）や私の上司は「お、いいねえ、やってくれ」と（笑）。

——ああ、「世界初」「日本初」の、新しい技術が大好きな社風だから。

金井　そうです。たいてい「おう、やれやれ、やろう」で。投資でうるさく言われたこともない。あれがいけなかったんですけどね。

――いけなかったですか、さっきも思ったんですが、方向性がバラバラだとしても、出した企画がどんどん通るなら、エンジニア個人としては悪くないじゃないですか？　雑誌でそういう状態になったら、編集者としては夢みたいですけど。

金井　夢みたい。いや、本当ですよ。ええ、一人の技術者としては、ずいぶん楽しませていただいたと思いますよ。おかげで「目先の変わったものを設計・開発しても、深く考えずに実行すると、後に残る製品にはならないな」という気付きにもつながりました。ともかく、当時のマツダはことほどさように新しいものが、そして「オールニュー」が大好きな会社でした。「旧モデルをいったん白紙にして、ぜんぶやりなおし！」ですよ。

――オールニュー、確かに気持ちよさそうです。が、なぜそうなるのか。

金井　これはあくまで当時の「オールニュー」の話ですが、シミュレーション技術もろくにない時代ですから、設計段階では「こうしたらどうなるか」が基本的なところしか解けないんですね。やっぱり、実際に作ってみないと分からない。作っては「ダメだ」とやりなおし、また作っては「またダメだ」とやりなおしという、実験で練り上げていく。試作車を造って、テストして、そうすると、「ここはこうすべきだな」というところが出てきて、直せるところは直していくんですけれど、困るのは「このクルマ、根本的なところで間違えていた。こうすべきだった」という〝発見〟があったりするわけですね。

――プロの技術者でも、そんなことがあるんですか。

金井　しょっちゅうあるんですね。当時は。

――そんなときはどうするんですか。

「もう間に合わない。次でゼロからやりなおそう」

金井　直すには手遅れなんです、すでに(笑)。「あ、しまった。基本が間違っている」と。私自身もトラウマになっている失敗がいくつかあります。

当時の開発は、やると決めたら一本道で突っ走る。そうすると、クルマのレイアウト(基本構想)にまでさかのぼった手戻りというのは、走り出したらもうできない。仕方ないからあとからなんとか工夫するわけですが、根本的なところで間違っていますから完全にカバーするのは無理で、じゃ、大元から直すかというと、それで発売が遅れたら経営計画にも影響が出る。そこで、事故につながるようなら話は別ですが、でも、手直しすればなんとか普通に走るよね、ということなら……。

――仕方ない、と目をつぶってしまう。

金井　これが、当時から大きな課題だとは思っていました。「あそこをやりなおしたいな」という気付きや発見が入れられるようなスケジュールにしないと、みんながムダな苦労をすることになる、と。

――避ける手はあるんでしょうか。

金井　最初に言いましたけど、一番大事なのは「走り出す前にちゃんと考える」ことです。でも、しっかり考えずに走り出して、「あとでなんとかなるだろう」というやり方が、皆さん好きなんですけどね。

――うっ（冷や汗が出ている）。

金井　大組織で、大勢の人が関わる仕事だと、途中からやりなおすのはものすごい手間と時間とコストがかかります。「今回はもう無理だ。次のモデルチェンジのときに最初からやりなおそう」、という発想になる。だから「オールニュー」。でも、またまた最初によく考えていなかったら、同じことになってしまう。

――胸が痛い。「オールニュー」はある意味、日本企業がバブルまでに身につけてしまった悪いクセなのかもしれませんね。考えるより、まず手を動かそう。走り出したら、現場が超人的に頑張ってなんとか辻褄を合わせる。

金井　そういう意味で印象に残っている仕事は、89年から始まった「ユーノス800」の車両設計リーダー（クルマ全体の開発責任者である主査を、車両設計の分野で支援するサブリーダー）時代の経験ですかね。

――ユーノス800、あれもきれいなクルマでしたね。確かちょっと変わったエンジンを積んでいた。

エンジン変更で足りなくなった30ミリ

金井　そうです。そのエンジンが大変だったんです。基本的な設計がまとまった後に、エンジンなどを開発するパワートレーン（PT）の部門で「ミラーサイクル」という形式の高性能エンジンができあがりました。そうしましたら、ユーノス800の主査、クルマの責任者ですね、彼が「ミラーサイクルエンジンをぜひ搭載したい」と。それで載せることになったのです。

ところがそのエンジンはサイズが大きいので、当初の設計のままではエンジンルームに

ユーノス800（1993～2003、97年以降はユーノス店の閉鎖により車名が「ミレーニア」となった）

収まりません。確か高さ方向で20㎜（ミリ）、幅で30ミリ、スペースが不足していた。高さは、大半はデザインの調整で何とかできましたけれど、大変だったのは幅です。

――クルマの幅を広げるのは難しいんですか。

金井　ユーノス800は当時としては破格に大きなクルマでしたから、サイズアップはもう無理でね。そしてエンジンルームの両側には、クルマの骨格に当たるフレームがあって、衝突の衝撃を受け止める重要なパーツなのでおいそれと変えられるものじゃない。じゃあ、どうするか。同じエンジンルーム内の部品を小さくするしかない。

――でも、たった30ミリ、3㎝（センチ）

ですよね？

金井　うん。エンジンルームにある1つの部品で、30ミリも幅を削るのはまず無理なんです。だって、どの部品も、もともとぎりぎりのところで、コストと性能のバランスを両立させようとして作っているものですからね。

でも、3ミリならできるかもしれない。担当する部品を3ミリ削る人間が10人いれば、エンジンが収まる。ちょっとずついろいろな人に頑張らせる。小さな努力も、積み上げたら大きな結果になる。これでいこうと。

――なるほど、そう考えるんですね。

ステークホルダー、全員集合！

金井　まあ、だいたい、私はその手のタスク割り付けが得意なんです（笑）。

――無理そうなことをみんなに協力させて解決する……そのコツ、ぜひ知りたいです。ユーノス800のときはどうされたんですか。足りない30ミリをどういうふうに分割するんでしょう。金井さんがバババっと割り振るんですか。

金井　それは絶対やってはいけない。分担を誰かが決めて押し付けてはダメです。

――では、まず何をやるんでしょう。

金井　例えば、30ミリをある空間の中で稼ごうと思ったら、その30ミリの幅に絡んでくる要素は何と何と何と何かというのを、とにかく関係者全員、エンジン以外も含めて集まって、わーっと書き出すんです。

――エンジンそのものの関係者だけ、じゃないんですか。

金井　エンジンルームにはステークホルダーがいっぱいいるんですよ。エンジンには、燃料、冷却水、吸排気、電気などを通すいろいろな管や線がつながっているわけでしょう。そして、配管、配線が多ければ、工場で組み立てる際に手を突っ込んだりする作業用のスペースがいるでしょう。

――あ、なるほど。

金井　点検や修理の際に、作業したり見て確認するための空間もいるわけですね。

――そういう、「勝手に自分の場所を削られては困る」人々を全員集めるんですか、また揉めそうな……。

金井　確かにね。喧嘩も、数を忘れるくらいやりました（笑）。でも、だからこそ公開の場で、全員の前で要素を全部さらすんです。「はいはい、30ミリ削るために検討すべきところがこれこれですよね」と、まあ、10カ所か、もっとたくさんあるんです。それを明示して、個別に議論する。例えば、吸気ダクトを通すスペースがいる。なるほど。でもダクトの形状は丸じゃなくて楕円でもいいんじゃないか、そうすればちょっと稼げるんじゃない？　とかね。こういう会議を毎日、「イレブンミーティング」と称して朝11時からやる。

——それってなにか、経営書にでも書いてあったんですか？

金井　いえいえ、そもそもそんな大それたことじゃないです。ただ、ゴールを示すことと、関係者全員が課題を共有しないと、アイデアは出ない、とは思ってました。

——うーん、でも、関係者が多ければ多いほど、すくみ合いになってアイデアが出なくなる気がしますが。

俺ばっかり、損するんじゃないのか？

金井　たぶんそうですよね。それはどうしてかというと、「俺じゃない誰かが、ぽんと30ミリ、削ってくれないかな」と、誰だって考えますから。

――ああ、そうか。でもなぜそう考えるんでしょう。

金井　「自分がどれだけ努力したら、全体にどれだけ貢献できるか」って、みんなの前で要素を書き出さない限り分からないでしょう。「目標は30ミリ」と聞いて、「あ、俺のところじゃ3ミリぐらいは削れるかも分からんけど、まあ、自分のところだけじゃ無理だな」という場合、人はどう考えるか。3ミリならやれます、と言う前に「きっと誰かが大きな打ち手をどかんとやって、はい、30ミリ解決！　と言ってくれるんじゃないかな、言ってほしいな」となりますよね。

――すごくよく分かります。だったらムダな苦労に手を挙げることもないさ、と。

金井　誰かが「うちが5ミリやります」と言わない限り、自分から「はい、3ミリならやります」というふうにはなかなか言えませんよ。みんなのためにと苦労して削った挙句、あとから別の形で問題が解決したら、踏んだり蹴ったりな気分でしょう。

――それは、何というか、見ている仕事のレイヤーが「このクルマができる、できない」より、もうちょい下のところにあるからですよね。この場合は「我々は個々の部品開発を、誠実に行っている。なのに、どうしてしなくてもいい無理を強いられるんだ」と感じて、「クルマができるかどうか」という大問題を忘れてしまう。でも仕事って、どうもこういう個別最適で考えがちな気がします。

金井　基本的に、現代の企業の仕事は「分業」ですからね。自分の割り当てられた部分だけやるのがミッションであって、そこに何かプラスオンされたら、リジェクト（拒否）したくなる。だから調整役がいるんですよ。

私はユーノス８００の前に先行企画部門でレイアウト設計をやっていましたから、異なる部門間の調整はよくありました。ですので、ある程度コンフリクトに慣れてはいた。でもエンジンルームの場合はステークホルダーの数がものすごく多い。だから大変だった。

30ミリを削るのに2カ月がかり

――毎日調整会議をやったとおっしゃいましたけど、エンジンルームの30ミリから始まって、毎日やるほど次から次へと、寸法を削る課題が出てきたわけですか。

金井　いやいや、毎日やったのはこの30ミリをやるためです。

――えっ、30ミリをやるために毎日。1回で解決して次に行くわけじゃないんですか。

金井　ええ。まず、申し上げたように検討すべき項目を示すわけですね。それを「明日までにやってきてね」と言っていったん解散する。内容によっては、いろいろ調べる必要があるとか、テストしてみるとかいうのもあって、「じゃあ、これは3日後に回答を」と。そういうのも毎日持ち寄って、「はい、今日はどこまでできましたか」から始めるわけです。

――ということは、じゃあ何週間とかやったんですか。

金井　2カ月ぐらいじゃないですかね。

――それはまた……そんなにかかりますか。「遅い」と怒られませんでしたか。

金井　いや、むしろ「よくまとまったな」と言ってもらえました。無論速くはないけれど、遅くもない。元々のベースレイアウトを作るのでも4～5カ月かかっていたわけですからね。そこまでやって1回できたやつを変えるんですから。そもそも、いったんOKが出た自分の担当部品を1ミリ削るだけでも、設計者にとっては大変です。うっかり「削っていいよ」なんて軽く妥協したら、自分の部署に戻って説明できない。性能、あるいは強度のためにも、0・5ミリだって自分のための場所を譲りたくないですよ。

――じゃあ、会議をやってもどうしようもないんじゃないですか。

金井　だから、アイデアが必要になる。状況を全員が共有したところで、例えば「フレームは強度が必要だから幅を細くすることは難しい、わかった。でも、角を落とすことはできるよね。これで1ミリ何とかならない？」「タイヤ側で1ミリ削れる、じゃ、両方で2ミリだね、ＯＫ」。そんな調子でやっていくわけです。

―― 難しい仕事をしていることを共有して、そのうえでアイデアが出て、それでようやく30ミリが捻出されるんですね。なるほどなあ。

金井 いえ、その場では「××さん何ミリ削ってね」とかの結論は出しません。「じゃあ、明日までに検討してきてね」と言って解散。

「これなら汗をかいてもいい」雰囲気に

―― えっ。

金井 会議で方向付けしても、持ち帰って自分の部署で討議したら無理だった、ということもあるじゃないですか。翌日、午前11時に集まってみたら、「え、昨日は3ミリと言ったのに2ミリしかできないの？」とか。そうしたら「わかった、わかった。じゃあ、誰か0・5ミリ削れる人、2人、いない？」と、さらに細かく分割して振ってみる。そうすると、だんだんみんな前向きになって「じゃ、前回助けてもらったし、うちがなんとか」

と、手が挙がるようになってくる。

――そうか、毎日の押し引きを通して「無茶な押しつけはされない、事情も聞いてくれる。この仕事でかいた汗は無駄にならないな」という、相互の信頼が生まれてくる。

金井　そんな大げさなものか分からないけど（笑）、みんながやるなら自分もやるか、という気持ちになってくる、じわじわ改善が進む、そのうち全員が「これはいける」と前向きになり、協力し合うようになる。それで約2カ月かけて、何とか30ミリを稼ぎました。

この仕事を通して、「大きな問題は分割して、小さくしてから解決する」「そのためには、関わる全部門が協力して当たる」「協力するには、問題点と進捗度合いを全員が共有することが必要」といった意識が生まれた……ような気がします。

余談ですけど、私、エンジンルームの幅だけじゃなく、イノベーションと呼ばれる大革新だって、こういう芋虫の歩みのような、小さな改善の積み重ねで達成できる、って思うんですけどね。名付けまして「芋虫改革」（笑）。

――そして、芋虫が足を止めないのは、状況を共有し、なぜやるのかの目的を理解し、お互いを信頼しているからこそですよね。いい話だなあ。

金井　でも実は、この話で大事なのは30ミリの削り方、ではないんです。2カ月かかった

30ミリの削減は、エンジンが設計確定後に変更にならなければ「やらなくてもよかった仕事」だ、ということです。

――あっ、そうだった。でも主査の方も、ユーノス800の商品力向上のために「よかれ」と思っての決断だし、経営陣もそれを了としたわけですよね。

金井 もちろんです。しかし、本当ならエンジンの開発進行と企画部門が用意している基本設計を、両方見ている人がいるべきでした。

「新技術か、いいね、よし、やろう」という社風が個々人のやる気をかき立てる一方で、それがばらばらに進んでいるために、タイミングが合わず、大変な「やりなおし」が現場で起きてしまった。

――それでも、新技術で商品力がアップすれば、やりなおす意味はありますよね。

金井 ええ、しかし、エンジン以外にもふんだんに新技術を取り入れたユーノス800の開発は大幅に遅延して、4年以上かかって93年10月に発売になりました。バブル景気は去り、マツダの拡大策の破綻が誰の目にも明らかになったころです。ユーノス800は、クルマ単体としてはそれなりの評価を受けましたが、ビジネスとしては……。

――「いいクルマを造ったから、いいじゃないか」とは言えない、ですね。

金井　新しい技術への挑戦は技術者の本懐です。しかし、大勢の人間が苦労しながらようやく完成しても、時機を失し、売れ行きが振るわないのでは誰も報われません。売れなければ意味がない、とまでは言いません。しかし、「売れないクルマを一生懸命に開発するほど空しいことはない」と思うようになったのは、このあたりからです。

Column

「火消し」を仕事と考えてはいけない

金井　まあ、こんな話をしたから言っちゃうけど、どうも仕事って、「あまり考えなしに始めたことが理由で起こった問題を、現場が大奮闘して解決する」ということが多くないですか。少なくとも往時のマツダはそうでした。

――いくらでもありますね。ほぼ完成した原稿が、事実確認にミスがあって全部パア、とか。でもそういう「待ち」や「手戻り」って、仕事をしていれば付き物というか、ごく当たり前に発生するんじゃないでしょうか。

金井　どうでしょう。「ＰＤＣＡサイクル」はご存じですよね。

——Ｐｌａｎ、Ｄｏ、Ｃｈｅｃｋ、Ａｃｔｉｏｎでしたっけ。

金井　ＰＤＣＡで言うところの「Ｐｌａｎ」、計画がいいかげんで、「Ｄｏ」、実行してみたらトラブルが続発。そこで現場にマネジャーが出向いて、「Ｃｈｅｃｋ」して問題点を発見し、「Ａｃｔｉｏｎ」で改善する。

——ありますね。我々で言えば、記者が書いた原稿がダメダメで、デスクがメ切間際に大慌てで直す、みたいな。

金井　火事場に乗り込んで難題を解決するマネジャーは「いい仕事をした」と鼻高々かもしれません。

——「やっぱり、この雑誌はオレがいないとダメだなあ」なんて。

金井　が、これだと、Ｐの部分がいいかげんなままですから、また同じような事態を必ず繰り返します。いつの間にか、「火消しが仕事」という企業文化になってしまう。これを私は「ＣＡマネジメント」と呼んでいます。最終段階で問題点を発見して、間際で大汗をかいて直すのが仕事。

——火消しが仕事……確かに、「メ切間際は徹夜連続が当たり前」というスタイルの雑誌の編集部がありました。というか、私、やっていました。

金井　それで売れればまだ報われるかもしれませんが、結果につながらなければ「こんなに苦労したのに」と、モラルが落ちる一方でしょう。どちらにしても、一生懸命やったことが「やりなおし」になるのは、人生の無駄遣いじゃないですか。

――人生の無駄遣い、確かに……。

金井　始めるときにちゃんと考えない、やり始めたらもう確認しない。それは、他人の人生も自分の人生もムダにしているようなものです。

――……。

金井　じゃあ、最初からムダな仕事が起きないためにはどうするか。仕事はまず「P」に重点を置くべきです。しっかり考えて、あとは淡々と実行していけば成果が上がる、これが理想です。始まる前に重点を置く。こっちは「PDマネジメント」ですね。

Pを考える際に、最初から長期的な理想、「かくありたい」をオープンな議論でとことん詰めておく。例えば、「理想の、世界一のクルマを造りたい」なら、運転者の座り方から考えねばならない。理想の運転姿勢、それはハンドルの中心線と体の中心がぴたりと合って、左右均等に足を開くとペダルに載ることだろ。そうなったらタイヤを前に出さないと右足が置けないぞ、だったら、プラットフォームから見直さないと……と議論が進む。実際にそうなりました。事前に考えておかないと、途中で「おいこれ、プラットフォームからやりなおさないとちゃんと座れないぞ」となってしまいます。

――ごもっともです。我々の仕事で言えば、「どうせダメな原稿が出てくるんだろう、俺が書き直してやろう」と手ぐすね引いて待ち構えるんじゃなくて、始める前によく打ち合わせをして、取材が一つ終わったら「どうだった？　予定通り書けそう？」と確認するべきだし、それこそ「仕事」だよ、ってことですね。

金井　そうそう。

なぜ「走りながら考える」のか

――言われたら当たり前です。なぜ、みんなそれをやらないのでしょうか？

金井　一言で言えば、考えるのが面倒くさいからですよ（笑）。「そんな先のことを考えてもムダだ。その場その場で個別最適を考えればいいんだ」と。こういう人が、マツダでも本当に多かったです。

――なるほど。「今考えるのは面倒くさいから、記者が原稿を出してきてからちゃんとやろう」。そういう気分は確かにありました。

金井　だけど、先に考えておくことは絶対ムダにはならないし、プランが間違っていたら、すぐ修正すればいいんですよ。だいたい、間違えたらどうするんだと言いますが、間違いゼロのプランなんてあり得ない。これから起こるであろう事態を完璧に読み切るなんて無理です。

――じゃ、どうするんでしょう。

金井　大事なのは、根拠を明確にして「決める」ことです。そして「いつ、誰が、どういう理由で決定したのか」を明記しておく。責任を問うためじゃないですよ。「誤った決定に至ったのは、どの前提が変わったからなのか」がすぐ分かり、修正するポイントも明確になるからです。「考えて間違うこと」は、罪じゃない。「考えないで始めること」と、「間違えても手を打たないこと」が罪なんです。

◉「PDマネジメント」は、「問題が起きないように先に考える」「CAマネジメント」は、「問題が起きた所で考え、解決を図る」

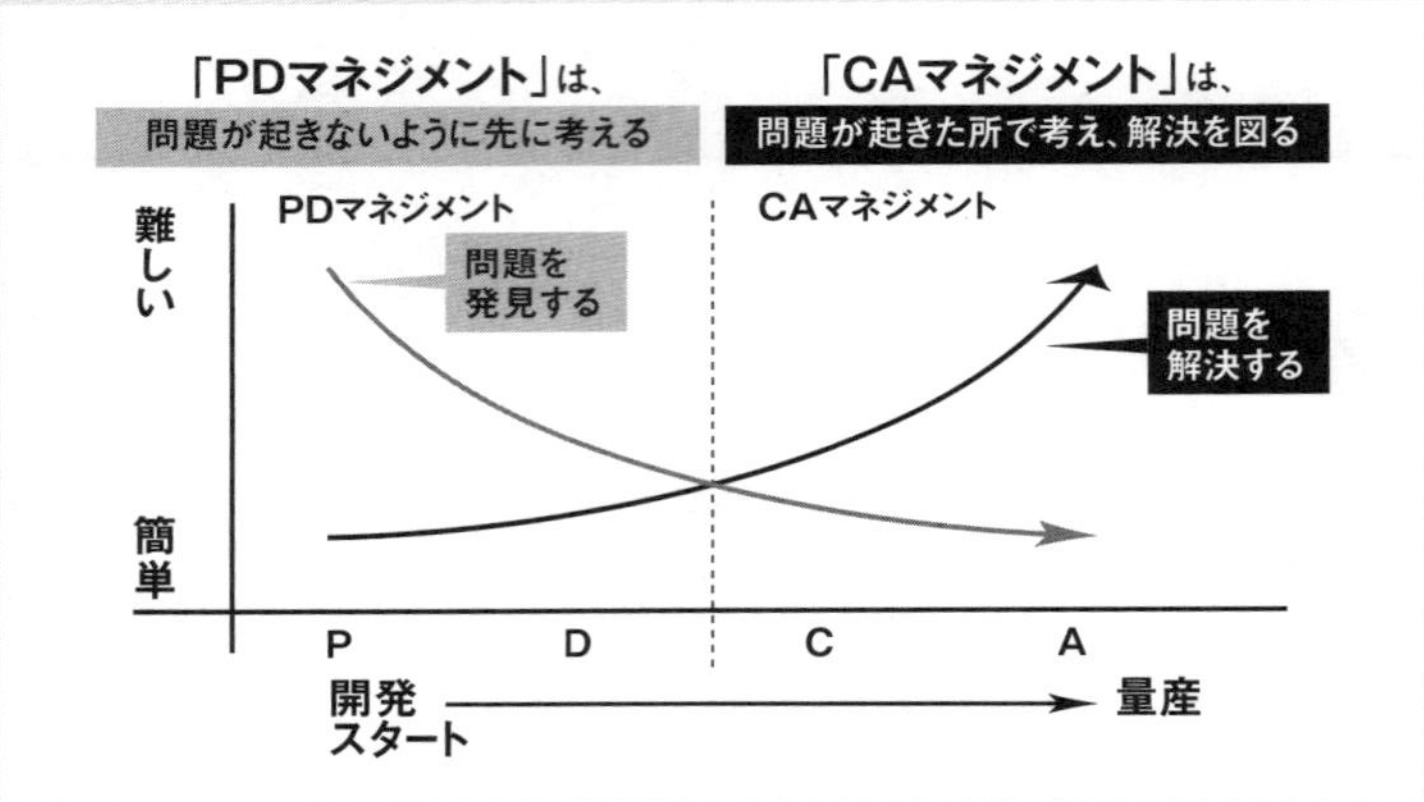

※横軸のPDCAは仕事の流れを示すためのもので、グラフの位置と正確にリンクしているわけではありません

「P（計画）」から「D（実行）」、「C（確認）」、「A（対策）」と、仕事は先に進むほど、まずいところを見つけやすくなる。「P」や初動の「D」の段階では、どこに問題が潜むのかを見抜くのは難しい。一方、先に進むほど、発生した問題の解決は難しくなる。仕事の「手戻り」が発生するためだ。

Pの時点でふんばって、目標設定が妥当かどうか、起こりそうなトラブルはなにかを考え、課題の発生自体を抑えようとするのが、「PDマネジメント」。逆に、とにかく仕事を進め、出てきた課題はその都度力技で解決してしまえ、というのが「CAマネジメント」だ。

後者で問題が発生すると、大事になり、修正する時間も残っていないことが多い。現場は無茶な納期や事態の深刻さに疲労困憊するが、それでも奮闘してなんとか解決してしまう。すると「英雄的な頑張りで、巨大な課題を乗り越えた」という充実感が生まれてしまい、「俺たちはいい仕事をした」というポジティブな記憶になってその後も同じことを繰り返し、疲弊していく。現場に無理難題が降ってくる時点でその計画は失敗であり、やらなくてもいい仕事をさせられただけなのに……。「英雄の誕生とは兵站の失敗に過ぎない」という言葉を思い出す。

Chapter

3

“マツダ地獄”の中でつかんだ逆転のヒント

「オデッセイのライバル車を出せるはずだったのに」

1992年8月24日号の「日経ビジネス」を開いてみる。トップ記事は「誤算の研究　マツダ　相次ぐ新車開発で負担増　販売5系列体制もあだ」。冒頭に、マツダが約3万人の社員を対象に販促を始めた話が載っている。最長96カ月（8年！）ローンまで用意し「1人1台」を訴えている様子と「全社員が1台ずつ買ってくれないと、とても目標台数は売れない」という役員のボヤキから始まる。そしてこう続く。

1〜7月の国内販売台数は30万5088台で、前年同期比10・2％減。今期（1993年3月期）、マツダは国内で前期実績の54万9000台を上回る58万台を売る計画を発表していた。和田淑弘社長は「前期に11の新車を出し、そのうち8車種が下期の発売。今期はこれらの新車効果で、販売は上向く」と説明してきたが、これまでのところ、もくろみは完全に外れた。

拡大策は完全に裏目に出た。この状況で迎えた93年3月期は、国内シェア10%、販売台数80万台を目指した「B-10計画」の最終年度だった。再び日経ビジネスから引用しよう。

計画推進の中心人物である安森寿朗専務は「B-10」の狙いをこう説明する。「生き残るためには最低10%のシェアが必要。それには80万台を売らなければならない。トラックや大衆車のメーカーというイメージを払しょくし乗用車で上位メーカーに対抗するには、新チャネルが必要だった」。低価格車メーカーとの企業イメージを消すため、あえて販売系列からマツダの名前を外した。

自らの社名を隠してまで行った拡大策の破綻は、大幅な値引きで台数を支えようとする売り方につながる。「値引きに釣られてマツダ車を買うと、他のメーカーに買い替えたく

ても下取りが安くてままならず、結局、相対的に高く買い取ってくれるマツダで買い替えざるを得ない。いつまで経っても（安い）マツダ車しか乗れない」という事態が発生し、後に「マツダ地獄」という極めて不名誉な言葉まで生むことになった。

ここに至って経営側もさすがに考えを改める。新しい中期経営計画では「長期的な視点、合理的な計画」が盛り込まれることとなった。かねて「走りながら考える」経営を疑問視してきた金井氏は、新しい開発方針を考えるプロジェクトの先頭に立った、のだが。

金井　80年代から90年代にかけての悲しい経験は、今なお自分にとっての辛い記憶として残っています。頑張ったけれど、あとから見ればムダな仕事をして、スケジュールも守れず、売れないクルマを世の中に送り出してしまう。こんな思いはもうたくさんだ、と。

――会社も、顧客からこともあろうに「マツダ地獄」と呼ばれる事態に陥ります。

金井　クルマの企画・開発には長い時間が掛かり、後に行くほど変更が難しくなります。変更が起きれば手戻りが発生して「やりなおし」になってしまう、すでにやったことが、後に生かされない。クルマに限らず、仕事はたいていそういう側面を持っていますよね。

――最大の手戻りは「製品は出たけど売れないから全部やりなおし」ということですか。

金井　マツダはそれを繰り返してきました。なので、「やっぱり、走り出すより先に考えておかないとダメだな」と思いました。

企画から量産開始までの期間はだいたい3年ですが、この際、2つ先のモデルチェンジ、9年先ぐらいまで想定しながらやるべきだろうと。そして、毎年1車種か2車種、必ず新車を出していくのなら、違う車種同士の共通化というのも最初からスコープに入れて考えたい。「あらかじめ分かっていれば、もっと賢いやり方があるのにな」と思うことは、先にお話したクロノスとその兄弟車のときなどは、もうしょっちゅうありました。当時考えていたのはこの2つですね。

どういうことかというと、例えば最初にAというクルマを企画しますね。それがスタートして半年たったらBというクルマの企画が始まるとして、もし、あらかじめAとBの発売時期や目的が分かっていれば、どのテクノロジーを使うかという次元では両方一緒に考えることができる。Cというクルマが交じったら、今度は3つ一緒に考えることができる。それを2つ先のモデルチェンジまで含めて考えれば、相当効率よく開発でき、しかもしっかり技術を蓄積することもできそうだ、というわけです。

―― なるほど。

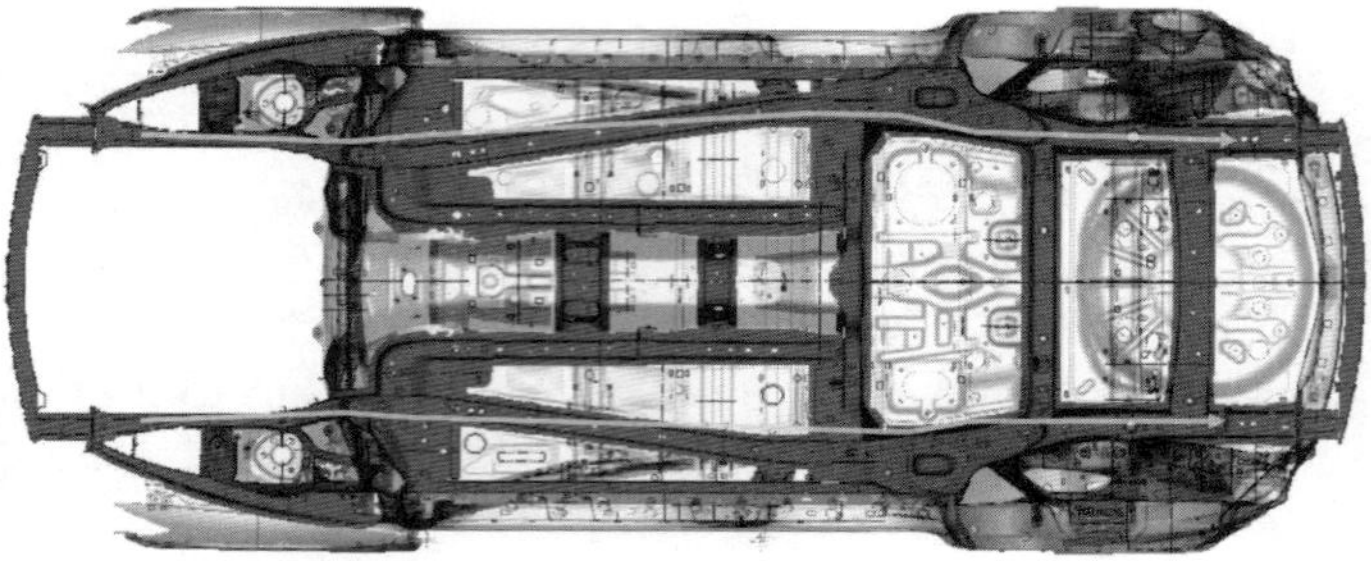

マツダ車のプラットフォームの一つ。この上にエンジンが載り、サスペンションが付き、ピラーが立ち、ボディーパネルが被せられる。プラットフォームはまさにクルマの土台なのだ。

金井　拡大策のほころびが明らかになるにつれ、経営陣も「もっと合理的にやらないと」と考えるようになってきました。私は91年に車輌設計部に異動し、プラットフォーム展開計画を考える仕事をすることになりました。

――プラットフォームというのは、クルマの土台というか、基本になるでっかいパーツですよね。

金井　はい、これ以降企画されていく商品にどんなプラットフォーム技術を織り込んでいくかを、ある程度長期的に俯瞰して考えようとしたのです。今思うと、「モノ造り革新」でやった「一括企画」に近いようなことをやろうとしていたんですね。そこで「異なる車種でも共通でいい『固定部分』と、クルマによって変えねばならない『変動部分』をきちんと分けよう。そのためには、将来の車種を早めに想定して考えることが重要である」と主張して、計画を立案しました。

――へえ！　モノ造り革新の淵源ってこのころにあるんですか。先進的ですね。

金井　先進的？　いや、そうでもないですよ……このときの考え方は、GVE（グループ・バリュー・エンジニアリング）そのものなんですよね、私に言わせれば。

「モノ造り革新」の萌芽は社内研修にあった

――VE（バリューエンジニアリング）は耳にしたことがありますが、恥ずかしながらGVEは初めて聞きました。

金井　たしか79年ごろ、私は足回り（シャシー）の開発者でした。会社の方針で、私を含めて数十人のエンジニアがコンサルティング会社でGVEについて受講したんです。「こういう考え方があるのか」というそのときの感銘が、「モノ造り革新」を含めて、その後の自分の考え方のベースになったと思います。

——じゃあ、マツダの変革のルーツは40年前の講義ですか。あれ？　だったら、そもそもどうしてその後マツダに「オールニュー」の状況が生まれてしまったんでしょう。

金井　GVEの導入当時はその考え方は社内で影響力があったのですが、こういうものは繰り返し繰り返し学ばないと薄れてしまうのですよ。

——「独自性」「世界初」「個性的」を、経営側も働く側も求める中で、GVEの考え方は忘れられていった。でも金井さんだけは忘れていなかった。

金井　いや、正直に言えば、自分もその熱狂に巻き込まれて忘れてしまい、ちぎっては投げ、という開発者人生を送ってしまいました。その結果に対してすごく悔いが生まれて、そこで「待てよ、もしGVEを真面目に続けていたらこんなアホなことにはならなかったはずだ」と思い出したというのが事実に近いと思います。

91年に話を戻しますと、このときずいぶん議論したのは、「とにかくうちのクルマはばらばらだ」と。最初にデザインのお話をしましたが、設計も、人が違えば「前とは変えたい」とばかりに、新しいことをどんどん入れ込んでいくわけですね。悪いことばかりではないけれど、例えば当時の主力車種の「ファミリア」と兄貴分の「カペラ」はまったく別の生まれ育ちのようなクルマになってしまった。意味がない、つまらんところで設計が違

◉GVEの基本―― 個々の製品ではなく、全体を意識する

グループ・バリュー・エンジニアリング(GVE)の考え方
製品A
製品B
製品C
★を改善すれば
ABCの全部に
効果があるかも?

個々の製品ではなく、全体を群として捉えて、機能が共通する部品やユニット（図のマーク）を同時に改善して、より大きな成果を上げる考え方。設計段階では個々の製品の原価や性能などが強く意識され、共通性があっても見過ごされがち。GVEは全製品を一つの群と捉え、共通点を探してより効率的な改善を考える。

っていて、部品が変わって、取り付け方も異なって、と、やらなくてもいい仕事がどんどん増えていった。

――ああ、そうか、最初の最初に考えておかないと、先に行くほど、意味のない仕事がどんどん増えていく。

金井 そういうことです。企画・設計段階で考えが足らないと、仕事の段階が進むにつれてムダな手間が膨大に発生する。リソースもお金もたくさん使う。だから「もっと合理的に考えよう。基本的な車種、部品も減らそう」ということになったわけです。

それと並行して、この考え方をいわば具体化する形で、ある3車種をとりまとめて企画する、という仕事がありまして、これ

はずいぶん楽しくやらせていただきました。

――なんというクルマですか？

金井 残念ながら、発売に至りませんでした。でも楽しかったですよ。

――どういうところが楽しかったんでしょう。

金井 ホンダさんの、「オデッセイ（大ヒットした日本流のミニバン）」が出たのが何年でしたっけ。

――えーと……検索してみますと94年ですね。

金井 そうそう。そして「CR-V（現在ブームになっている「SUV」、多目的スポーツ車の先駆け）」がその翌年ですよ。あれを見たときに、「あのまま進めていたら、ほぼ同時にうちも出せた、もったいないことをしたなあ」と思ったものです。

ミニバン、SUVブームを予見した企画マン

――えっ、じゃあ、3列シートのミニバン、そしてライトSUV、当時大ヒットしたホンダの両車種と同じ企画を、同じころにマツダもやっていたんですか。

金井　そうなんです。90年あたりから三菱さんの「パジェロ」が大ヒットして、オフロードを走る〝クロカン（クロスカントリー車）〟を、街中で乗るブームが起きていた。「ああいう、無骨な軍用車みたいなクルマの次のジェネレーションは、一見クロカン風でも、もっと乗用車ライクな、ライトでモダンなものになるはずだ」と主張した方がいまして。

――すごい。まさに今主流のＳＵＶの流れを30年早くつかんでいたのか。

金井　その方は、「日本のファミリーカーは3列シートが主流になる」とも予言しました。そこで、93年の頭ごろにその両方のクルマを一緒に企画していたんです。もちろんプラットフォームは共通化する前提で。ところがこれが、つぶれたんです。悔しいことに。もしそのまま進めていれば、ホンダさんと同時は無理としても、95年、96年には出せたんじゃないですかね。オデッセイが出たときに、「ほら出た、これは売れるぞ」と言っていたら、やっぱりばか売れ。

――あれは鮮烈でしたね。街中、それこそどこを見てもオデッセイが走っていました。「ホンダらしい異色なクルマの意外なヒット」と思っていたけれど、同じことを考えていたメーカーがあったんだ。

金井　そしてその次にＣＲ‐Ｖが出て、「あ、またやられた」。

——実現しなかったとはいえ、すごい企画を立てる方がいたものですね。

金井　ええ、ええ。このときの商品企画をやった方が素晴らしい洞察力を持っていたんです。「絶対日本でこれが売れる。そんな時代になる」と、ずいぶん自信を持って言われた。僕らもそうなるといいなと思って期待して、だから楽しく仕事をしていたんですが。

——開発中止となったのはやっぱり、拡大策が失敗した中で新しい車種は難しいから？

「これはマツダが造るべきクルマではない」

金井　投資する体力がなかった、ということかもしれませんね。当時の経営層が何をもって最終判断されたのかよく分かりません。私が覚えているのは、「これはマツダが造るクルマではない」というふうに言われたことです。

——……なぜマツダが造るクルマじゃなかったんでしょうね。

金井　マツダのブランドイメージは「スポーティー」だから、と言われましたね。

——ミニバンやライトクロカンにシンパシーがなかった。

金井　ええ。何でマツダがミニバンなんだ。こんなうすらでかい、背の高いクルマはマツダが造るべきではない……みたいな、そんなことを言われた記憶があります。ただし、方便かもしれませんよ、諦めさせるための。実は投資できないんだ、と言えずに。

―― でも、オデッセイ、CR-Vの大ヒットを知っている今の我々からしたら「なんてもったいない」ですね。

金井 一つ教訓になったとすれば、「戦う土俵」を決めるのは経営側ですからそれはそれでいいとして、「どこからどこまで、どの枠内で戦うのか」を、誰でも理解できるように明快に示しておくべきだ、ということでしょうね。

もちろん、企業イメージはものすごく重要ですが、それだけに経営側といえども個人的な感覚で「これはいい、これはダメ」と判断すべきものではない。基準が曖昧で「誰がどういう理由で判断したのか」があとからはっきり分からないと、同じ失敗を繰り返してしまいますから。

―― ユーノス800のときと同じく、最初から全員で「状況を共有」する、ということにもつながりますね。

金井 話が逸れましたが、このときのプラットフォーム展開計画は、技術開発に当たる我々の側は、どんどん先のほうまで決めたかったんです。だけど、商品企画側が、「この後、こういう商品を出すよ」という、長期の商品企画を決めることができなかったんですよ。

例えば「このクルマはこの辺でモデルチェンジするだろう」というスケジュールは示されていた。けれど、「じゃあ、そのクルマはどっち（の市場）を向いた、どんな商品にするか」という企画にまで落ちてない。せめて「エンジンはこれを使う」とか、もうちょっとスペシフィックなところまで踏み込んで、10年までは言いすぎかもしれないけど、5、6年先まで「どんなクルマを造るか」で合意できれば、と思って悩みました。

未来と今がごちゃまぜに

——それはしかし、解決策はあったんでしょうか？

金井　開発側でできることは、実はありました。クルマの開発には、10年以上先を見て進める「先行開発」と、目先、まあ5年くらい先の近未来を考えて、より商品に近いところを見る「商品開発」がありますが、当時の我々はこれがオーバーラップしていました。重なると、どうしても目先の仕事が優先されます。ここをはっきり区別しておかないと、「先を考える」ことが難しくなります。「10年先はこういう技術をやっている。だから、こういうクルマを出せば競争力がある」ということを自信を持って言えなかった。ここに手を打つべきだった。

――ということは、先行的な技術を考える人と、目の前のクルマの技術開発をやる人を分ける……それは当たり前と言えば、当たり前では。

金井　言葉にすれば当たり前のようですけれど難しい。特に、リソースが少ないマツダには。そしてこれは、実はすごく大きな問題なんです。

オーバーラップしているから、うっかり、テクノロジーの先行開発が絡むものを目先のクルマに取り入れたりしてしまう。そして、その開発が間に合わなくて大慌てになる。あるいは、急に盛り込むことになって商品開発の現場が七転八倒する。

――ユーノス800のミラーサイクルエンジンがそれだ。

金井　こういうことを避けるには、商品開発の段階になったときには、「もう基本的に迷うことのない、試行錯誤のない技術だけを使うんだね」と確認してからゴーを出すべきだなと。技術的な試行錯誤を商品開発のステージの中でやっているから、スケジュールが狂ったり、思ったような結果が出なくてとんでもない手戻りになったり、「ああ、しまった」という事態がいくつも出てくるわけです。

――なるほど。スケジュールが見えないものを当てにしてしまうから、いざ製品化のときにトラブルが起こる。だったら、先に試行錯誤が終わっている技術を使えばいい。先行開発で試行錯誤をしておいて、商品開発はその結果を使う。でもそうなると、やっぱりリソースの食い合いになって、目先が優先されて先行技術の開発が後手に回りませんか。

金井　なので、先行開発は試行錯誤と商品化までの余裕を見て、スケジュールをずっと前倒しにしておく必要があるわけです。もちろんそれをやるには、全社の開発体制をまるごと変えないといけません。結局、この反省が生きたのは、ずっと先、「モノ造り革新」のときでした。

――その先行開発にしても「我々はこういう土俵で勝負する」ということが決まっていないと、いろいろな方向に散らばりそうです。

金井　考えてみれば、社内で「大きな枠」を共有しないまま、将来の長期プランを立てるということ自体が無理だったのかもしれません。ところが、悩んでいる途中で「提携先の米フォード・モーター（以下フォード）とプラットフォームを共用する」という、もっと大きな話が飛び込んできたので、マツダ独自のプラットフォームの整理統合は立ち消えになってしまったんです。

Column

GVE、VEは〝常識〟〝思い込み〟から逃れるためのツール

――GVEのお話、もうちょっと詳しくお聞きしておきたいのですが、どういう考え方なのでしょう。

金井 私は専門家ではありませんし、自分がGVEという考え方に触れて、自分なりにこう受け止めて使っている、という話になりますが、いいですか。

――お願いします。

金井 例えば、私は喫煙者なのですけれど、「タバコに火を付ける」という目的があるとします。そこで、ライターに火を付ける。とても普通じゃないですか。

――普通ですね。

金井 タバコを吸う。ライターに火を付ける。その〝普通〟の関係、動作の間に「なぜ」を挟んでみる。

――タバコを吸う。「なぜ」ライターに火を付けるのか？

金井　はい、なぜでしょう。

――「タバコの先の温度を発火点以上に上げるため」とか言うと、それっぽいでしょうか（笑）。

金井　ははは。タバコの先っちょに火種が欲しいからでしょう。でも、ということはライターでなくても、別に何かあるんじゃないですか、というのが発想のカギです。虫眼鏡で太陽光を集めてとか（笑）。いや、何でもいいんですけど。

――昔はクルマに付いていたシガーライター。ニクロム線に電流を流して……。

金井　そうそう、いろいろな手段があるわけです。こういう「目的」と「手段」をつないでいくと、「機能系統図」というものができます。

――機能系統図。初耳です。

金井　左に目的を書き、そこから右にそのための手段を書いていくんです。目的が1つだったとしても、同じ目的に対して手段は何通りもあり得ます。

――ライター、マッチ、虫眼鏡と。

金井　その手段を新たに「目的」と考えると、それを実現する手段がまた何通りもあることになりますよね。だからツリーみたいになっていくわけですよ。

――手段と目的の繰り返しでツリーができていく。

レーザーポインターはどうやって生まれたか

金井 手段が出たら、こんどはまた「目的」をつなげていきます。「なぜ虫眼鏡を使う」のかといえば、光を一点に集めるためですね。となると、レーザーでもいいのかな、という発想になる、かもしれません。

――いやいや（笑）。

金井 と、お笑いになりますが、この考え方の優れたところは、頭の中に根付いている「AならばB」という、脊髄反射的な常識から離れるところにあるのです。レーザーを持ち出したら笑われましたね。もちろん、タバコに火を付けるためにレーザーを使うことはありえない。でも、レーザーポインターってありますよね。

――講演などで使う。

金井 そうです。あれは「指示棒」を改良しようとして出てくるデバイスではなく、「指示棒で黒板を指す。なぜ？」「聴衆にどこに注目すべきか示す」という目的を取り出して、ほかの手段を考えて、の繰り返しで出てくる発想でしょう。

――「指示棒の高性能版」じゃない。目的を選り出して、手段を考えた。ということは、「なぜ」の対象として目的と手段の両方がありますね。

金井 そうです。ナイソウとガイソウです。

――ナイソウとガイソウ？

どうしてタバコを吸いたいのか？

金井 「内挿」と「外挿」。内挿は、目的と手段の間に「なぜ」を突っ込んでいくことです。タバコに火を付ける、なぜか。発火点以上に温度を上げるため。なぜ上げるのか。タバコの葉にこれこれの化学変化、気流、香りを生じさせるため。なぜ生じるのか……と、際限なく結構出てくるんです。

――手段を「なぜ」で分解し、常識を外して、アイデアのヒントにする。

金井 一方で、外挿は「目的」のほうを遡る「上流」と、「手段」をさらに掘り下げる、「下流」の二通りがあります。

――タバコだったらどうなりますか。

金井 そもそも、何でタバコを吸いたいんですかといったら……これ、いまどき喫煙者が大きな顔で言うと叱られるんだけど、ここはご勘弁していただくと、例えば、リラックスしたいから。

――なるほど、「ニコチンを体内に取り入れたいから」ではなくて？

金井 お！ これは一本とられました、その通り。それをさらに遡ると「リラックス」したいから。

――それなら、コーヒーを飲む、体操する、とか、代替案がいろいろ出てきますね。

金井 そうそう。それは本当にタバコじゃないとダメですか？ という、新しい発想が出てくるじゃないですか。と、このように目的と手段の関係を手がかりにして、内側（内挿）、外側（外挿）の両方で整理することで、状況が見えやすくなり、現状よりも価値がある機能を発案、実現するために役立つ。私はそういうものだと理解しています。

――ズームインして細部に寄るか、ズームアウトして背景まで入れるか、みたいな。さきほどの「商品開発」と「先行開発」、「個別の商品」と「大きな枠」の設定、にも似ていますね。

金井 ちなみに、「目的・手段」でご説明したけれども、これは「原因・結果」の因果関係でも同じなんですよ。「この原因でこの結果が起きた」という話があったら、「それはなぜですか」と。

「常識」にツッコミを入れ、切り口を作る

――自明と思われている「AならB」の因果関係にも、「なぜ」を突っ込むんですね。

金井 例えば「円高だからマツダの株が下がった」。みんな当たり前だと思っちょる(笑)。だけど、円高だとなぜマツダの株が下がるんですかと聞いてみる。内挿の「なぜ」ですよね。

――それでよく調べてみたら、昔とは為替の感応度が変わっているかもしれない、と。思い込みだったりするかもしれないわけだ。この場合、外挿とは?

金井 「マツダの株が下がったら、さらに何が起きるんですか」というような問いが外挿になるんです。あるいは「円高だから」に食い付いて「じゃあ、なぜ円高になったんですか」と。こっちも外挿ですね。

―― なるほど。

金井 目的・手段のツリーと、原因・結果のツリーというのは、言ってみればどちらでもいい、ある意味裏返しで、180度くるっと回せばよく似ている。ただ、どちらのケースでも、「内挿のなぜ」と「外挿のなぜ」があって、それで作っていくと、はまりがちな〝常識〟の落とし穴を避けられるし、議論すべきポイントの整理がうまくできるんです。

さて、私はタバコに行きますかね。ちょっと失礼。

◉金井氏流「内挿のなぜ」と「外挿のなぜ」

①オリジナルの機能系統図（いわゆる「常識」的な因果関係）

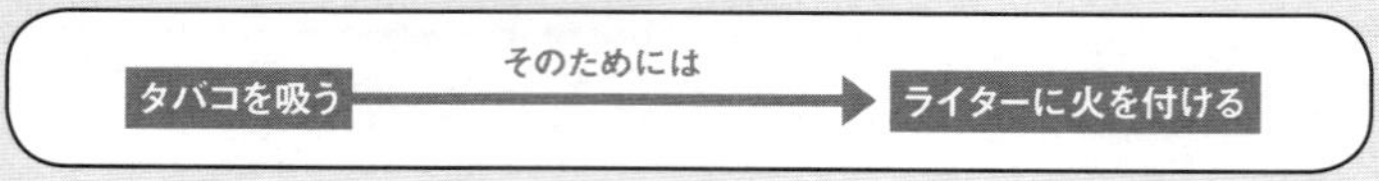

②「内挿のなぜ」を考える（「そのためには」「何のために」で内側へ潜り込む）

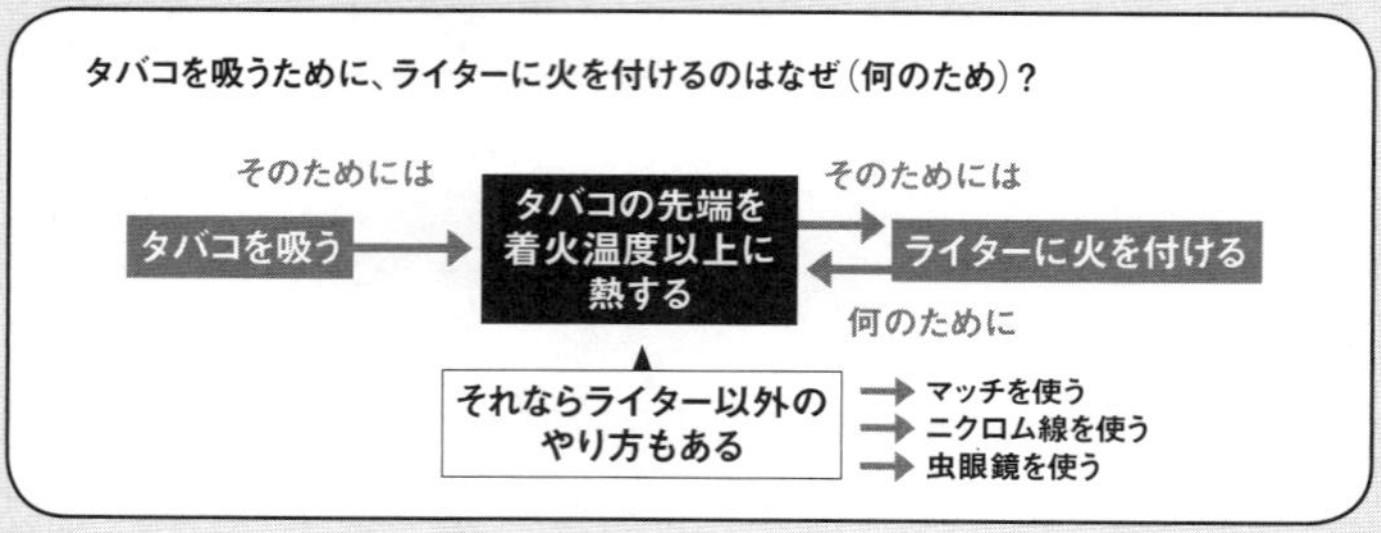

③「外挿のなぜ」を考える（「そのためには」「何のために」で外側へ広げる）

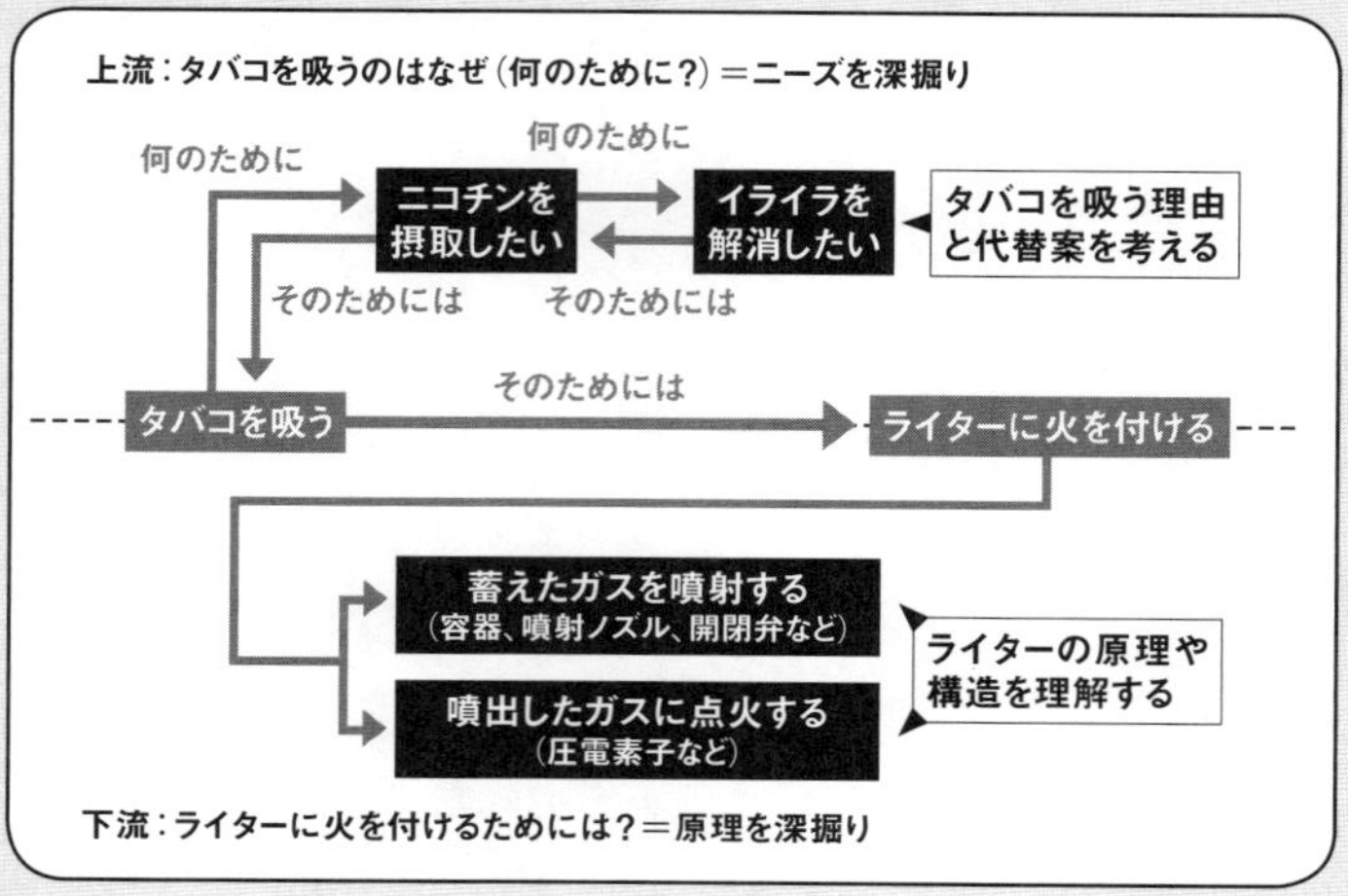

Chapter

4

フォードの支配下で見つめ直したモノ造り

「シミュレーション、作れば使える……わけじゃない」

マツダの業績は坂を転がり落ちるように悪化した。１９９１年３月期には１４６万台を超えていた販売台数は、94年３月期に１０１万台へ急減。翌年はついに１００万台の大台を割り、４８９億円の最終損失を計上、95年３月期も４１１億円の最終損失となった。メインバンクの住友銀行（当時）が動く。96年、フォードがマツダ救済に本格的に乗り出し、株式の33・４%を手中に収め、マツダの経営権を握った。

日本の自動車メーカーとしては初めての外国人社長、ヘンリー・ウォレス氏のもと、新車開発のプロジェクトは全面的に見直され、金井氏が進めていた新プラットフォームの計画もご破算になってしまう。その一方で、今のマツダにつながる遠大なプロジェクト「マ

◉1990年代のマツダの業績推移（連結）
5チャンネル化の失敗で、マツダはフォード傘下に

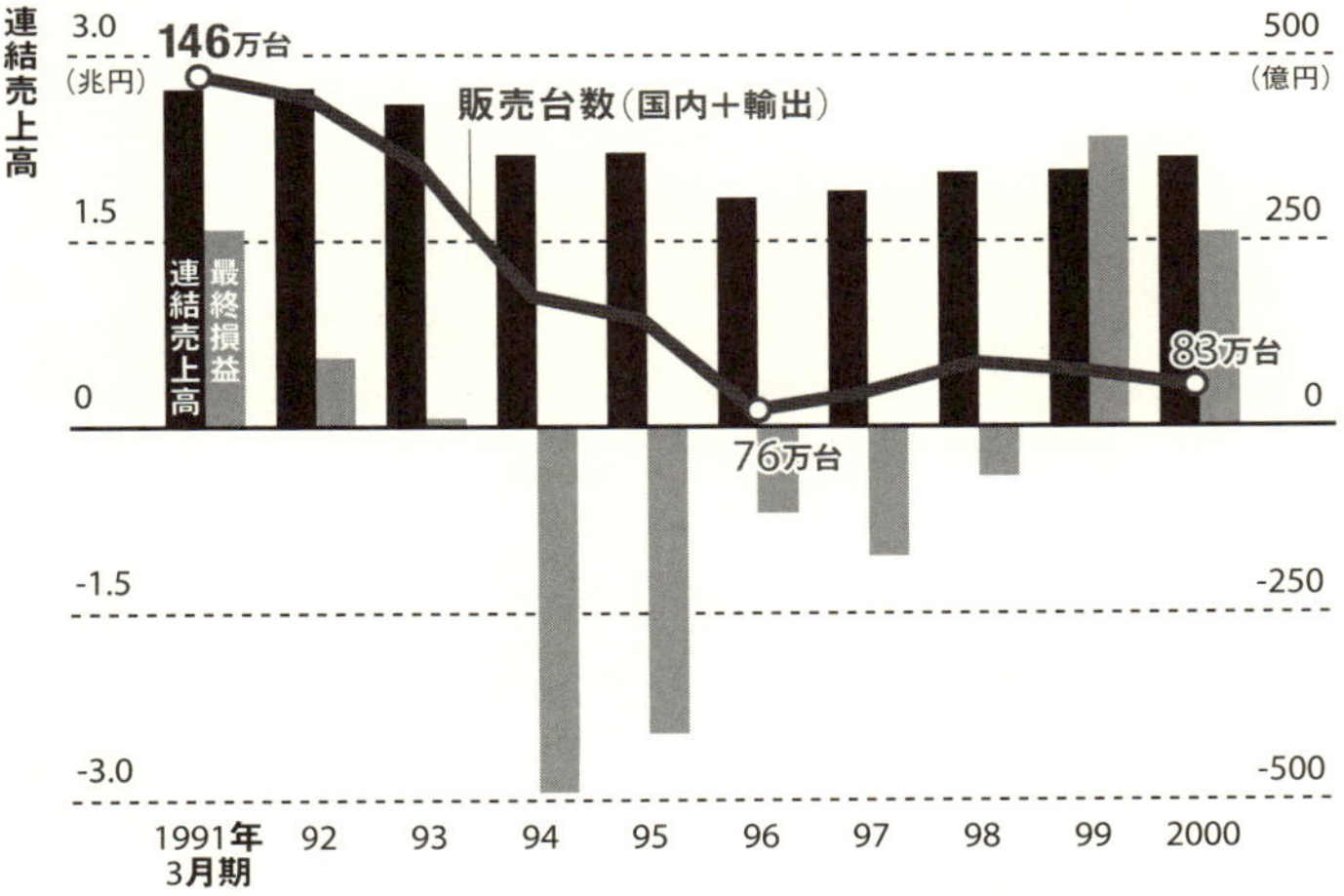

ツダデジタルイノベーション（MDI）」が、このとき動き出していた。フォードの傘下入りとMDIの起動は、モノ造り革新につながる底流となる。そして、金井氏には意外な仕事が待っていた。

金井　フォードの傘下入りした96年の9月に、私は新設の「車両先行設計部」の初代部長に就任することになりました。

与えられた課題は2つ。まずは、当時始まったばかりだったMDIを推進すること。開発力の向上とコストダウンの両方を期待して、クルマの開発・実験から生産までをすべてデジタルデータで統合し、コンピューター上でやろう、というものです。

――ものすごくアグレッシブなプランですね。フォード主導で始まったんでしょうか。

金井　違います。マツダがフォードの傘下に入る前から、すごく熱心にデジタルの導入を進めた方がいらして、「図面はもちろん、モノ造りを全部3D（3次元データ）化すべきだ」と主張していたのです。「開発の試行錯誤、実験の時間とコスト、図面と製造のズレ、あらゆることをシミュレーションで代替して解消しよう、リソースの少ないマツダにはそれがぜひ必要だ」ということですね。現在もその流れが「MDI－II」として続いています。

――いわゆる「モデルベース開発」ですね？　ものすごい先見の明ではありませんか。

金井　最終的には途中で試作車を造らずに、事実上、最終の図面の出図からいきなり量産、というのが目標でして。具体的に検討が始まったのは94年。四半世紀も前に、まさに今、マツダを含め世界中の自動車メーカーが目指しているところを先取りした計画だったわけです。それだけに大変な挑戦で、MDIとして正式に始まったのが96年でしたけど、試作車レスが2005年の「ベリーサ」でまがりなりにも実現するまでに10年かかりました。

私が着任するときには、ハード、ソフトなどのMDIへの設備投資はほぼ終わっていました。いよいよ稼働となって、あとは、ワークステーションを使ってみんなで3D化した図面を共有していけばいい……んですが。

——話はそう簡単じゃないんですね。

これは段取りをゼロから考える機会だ

金井 ええ。例えば「1つの図面を全員で共有する」というだけでも、みんなが自分の好き勝手に描き直したりしたら大混乱になる。設計図の描き方、直しの入れ方、手を入れる順序などをまず決めねばならない。つまり「図面を3D化した際の仕事のルール」が新しく必要になります。「お前、それを作れ」と。これが車両先行設計部の仕事、その1です。

——なるほど。すごく面倒そうです。

金井 ところが、すごくいい経験になった。単なるマニュアル制作じゃなくて、開発プロセス自体の見直しにつながったんです。

——どういうことでしょう。

金井 1つのクルマの設計に関わる人間は何百人もいて、その人たちが自分の担当部品を3Dデータとしてインプットし、別の技術者がそれを評価したり修正したりするわけです。

各自が自分の都合でインプットしたら、部品が干渉するとか、機能として成り立っていないとか、さまざまな問題が発生します。そういう状態から、実際にモノを作っても問題ないところまで図面の完成度を高めるには、なにが大事か。まずは段取りです。

――そうか、みんなで順序良く、タイミングを合わせて仕事をしないと、「待ち」「手戻り」が発生してしまう。

金井　そうです、そしてさらに要所要所で「これでOK」と確認する作業も行わないと、先にいってから「ダメだこりゃ」になってしまう。現物がないまま進める以上、理屈が合っているかどうかは、意識的に、一番効果的なタイミングで確認する必要がある。

どう整合性を取り、仕事のタイミングを合わせ、完成度を確認すればいいのか。課題を整理しているうちに「あ、これって結局、開発プロセスをもう1回作ることだよな」と気付きました。当時の我々の開発プロセス「マツダ・プロダクト・デベロップメント・システム（MPDS）」を、図面の3D化＝MDIに合わせて、「企画から量産までのプロセス全体が、日程面では本来こんなふうにあるべきだ。ここで何をやる、そのためにはこれをこうつなげていって……」と考える機会になったわけです。

――こりゃ金井さんにはぴったりの仕事でしたね。

金井　3D化による設計や製造の効率化が顕著に表れるのはまだまだ後の話でした。しかし、MDIの導入と、それによるMPDSの改善は「共通の物差し」を社内、特に開発部門に持ち込むことにつながりました。要は、MPDSが「はい、今日あなたはこのレベルまでの図面を出すんですよ」と教えてくれるようになったんです。

開発といってもシャシー、エンジン、内装などなど、部門がたくさんにまたがっています。1つの部門が、「ちょっとくらい遅らせてもいいだろう」と考えたら、ほかの部門で手待ちがばかすか発生して、試作車が予定通りできなくなってしまう。タイミングを合わせるというのが大変重要なんですよ。

――例えば「今日中にあなたがこの部品の検証作業を終えないと、そのデータを使う次の人の仕事ができなくなって、大迷惑が掛かりますよ」と分かるようにしたんですね。

金井　それでも、守らない人もたくさんいましたけど（笑）。「うっかり遅れました」「データは出しましたがあれは暫定でした」「すみません、ちょっと間違えたので1回戻してください」とかですね。

でも、いきなりマーチ（行進曲）をかけて、「その通りに歩け」といっても、歩き方が分からない、準備ができていない、体力がない、とか、いろいろな人がいるので、最初から足並みが整然と揃うわけもありません。やりながら反省して、少しずつみんながついていけるように仕組みを整えたり、個人が技術を磨いたり、意識を変えたりしながら、そうですね、およそ3年くらいの間に5～6車種のレイアウトをやってみて、ようやく少しタイミングが合うようになったと思います。

―― 足並みを揃える仕組みは、それまでマツダになかったんでしょうか。

金井 もちろん、従来もある程度進捗度合いはチェックできましたよ。ただ、見直してからは、「今、検討すべき課題が何なのか」が明確に分かるようになった。

遅れている箇所が分かれば「じゃ、集中的にリソースを投入してリカバリーするか」と考えられるわけです。全員が状況を合理的に共有することで、新車の開発スケジュールを守るための「ムチ」代わりになり、ひいては発売予定も守れる。仕事の足並みを揃える仕組みはあったけれど、これまでは隣を見ながら手拍子だったのが、太鼓で全体のリズムを取るようになった、みたいなものですかね。

―― これ、あのユーノス800のときにあったらよかったですねえ。問題を全員で共有して、分担するという考え方がよく似ています。

金井 さて、車両先行設計部の仕事その2は、企画と開発の間の橋渡しです。

――確認です。企画部門が、車両のアイデアを具体的なレイアウト図面にして、それを開発部門が量産できるレベルの部品図に仕上げる、という理解でいいでしょうか。

「採点簿」を作って嫌われる

金井　はい。企画部門は新車のレイアウト図や性能目標を作って、実際に市販車にするために図面を作って開発部門に渡します。そこで実際に市販車にするためにより具体的に設計していくと「おい、このレイアウトじゃ目標通りにできないぞ」とか「これ、量産するのは無理だぞ」となって、「やりなおし！」になることが頻繁にあった。

――なんでまた。

金井　事情は分かるんです。企画部門のエンジニアは人数が限られるので、細かいところまで技術検証できないためです。

――ああ、「理想に走る商品企画と現実に作る製造現場で生じるズレ」と考えれば、どこの会社でもよくありそうな……。クルマの場合は、どんな例がありますか。

金井　分かりやすい例で言えば「このクルマは現行より100kg軽くしたいです」、という商品企画がぱっと出てきて、一方では「先進装備はこれも付ける、あれも付ける」とあったりする。開発は驚いて「おいおい、じゃあ、企画的に軽くなる要素は全然ないじゃないか」というと、「そこは、開発段階の軽量化で頑張っていただいて……」とかですね。

――極端な例だとしても、「自分の仕事はここまで」という、よくない意味での分業意識が強くなると、やはりどこでも起こりそうなお話です。

金井　ええ、こうして話していると改めて、当時は部門間で仕事を〝バトンタッチ〟して進めていたんだなあと思いますね。「自分の分はやった。あとはお任せ」と。今は、企画、開発、実験、製造の「共創」――共に創る、これがずいぶんできるようになっています。

それはさておき、手戻りを抑えるには、企画の段階で図面の完成度を上げる必要があります。「金井、お前がそこをやれ」と。

――完成度を上げるために、どうされたんでしょうか。

金井　企画段階の仕上がり度の「採点簿」を作りました。採点といっても自己採点なんですけどね。チェックリストを用意して、企画の人に渡して、「採点にはもちろん付き合うよ。僕も一緒に通信簿を付けてあげるよ。でも仕上がり度80％以上でないと、開発は受け取らないぞ」などと脅してました。

――また嫌われそうな。

金井 はい、企画の人からものすごく恨まれました。それはまあ、そうですよね（笑）。

――手を打たれたのは、採点簿だけですか。

金井 いえ、これはMPDSとも関連しますけど、企画段階のプロセスの中に、競合車を組織的に研究する「ベンチマーク」を組み込んだんですよ。

競争相手を調べない人はけっこう多い

金井 企画の段階では、新型車にどんな技術を入れるかという「設計構想」を作ります。その策定にかかる前に、「競合車をしっかり調べたか」を確認するようにしたんです。ここは私はかなり頑張って、いろいろ無理をして入れてもらいました。

もちろん、競合車を調べるのは当たり前のことですが、「そこで手を抜くな、3カ月はベンチマークに没頭せよ」と。そのくらい競合車を勉強せずに、設計構想を作るなんて思い上がりだ。そんな思いが昔からあったのです。これもGVEで叩き込まれたことですが。

モノを作る人間は唯我独尊になりがちです。なので量産に入る直前になって、よそのクルマにかなわない箇所に気がついて慌てる、なんてことも起こるのですよ。そうすると「売れないクルマを頑張って造る」ことになりかねない。

――自分の作りたいモノを作りたい、と熱中するあまり、それがもう市場にある可能性に気が付かない。

金井 自分の知っていることだけを見て、その延長線上での改良を考える、そういう底の浅い技術検討じゃなくて、謙虚に他社の製品をしっかり調べて、「自分の設計はライバル社に比べ確かに優れている、あるいは世界一である」と証明してみせろと。そんなふうに社内でいろいろ説得して、新プロセスへの理解を求めました。

そもそも、「やりたいこと」なら、それがもう世の中にあるのかないのか、あったとして、どのくらいのレベルのものなのか、技術者として知っていないとおかしいでしょう。実際、優秀なエンジニアは、周りから言われなくても競合車をしっかりと調べているものですよ。

――ううむ（でもそれって大変そう）。

金井 まあ、こんなふうに大幅な見直しをしたMPDSをフル活用し、特にベンチマーク活動を徹底的に行って造られたのが、後に「アテンザ」と呼ばれるクルマなんです。

――マツダの復活を賭けたＺｏｏｍ-Ｚｏｏｍ戦略車第1弾のミドルサイズセダン。あれが、金井さんが手を入れた新しい「仕事の仕組み」で造られた最初のクルマだった。

金井　ええ。そしてこのアテンザの開発が始まった時点では、私は車両先行設計部の仕事にかかりきりでした。ですので、自分が作ったＭＰＤＳのプロセスにのっとって、自分がその主査をやるハメになるなんて、思ってもみなかったのですが。

Column

ベンチマークについてもうちょっと突っ込みます

――金井さんが強く主張して導入した「ベンチマーク」について、実際にどういうふうにやるのか、もうちょっと教えてください。

金井　企画の内容で「これはそもそも、なぜこう決めたんだ」という疑問があとから出ることがあります。その際に、「それはいついつ誰々が決めました。目的は何々で、根拠はこれこれです」という説明が、全部できるようにしたかった。「こうする」と決断する前に、よそのクルマの性能を、コストを、部品のサイズや重さを調べて、レイアウトも調べているなら、例えば「現状、ミッドサイズセダンで世界一のサスペンションを使っているクルマはA社の××です」と説明できますよね。同時にそれは、同等のものならば「アイデアが分かれば、物理的に可能」という証明でもあります。だって、もう量産している企業があるのだから。

さらに、「3年後、我々の新型車が登場するまでに、このメーカーはこのくらいまで進歩すると思われます。それに対して私たちのほうがこれから開発するもののほうが、こういう理由でこれだけ優れています。だから決断しました」という、具体的な説明が可能になりますよね。そういう論理的な積み重ねを、データベースとして作り上げて、いつでも誰でも説明できるようなプロセスにしましょう、ということを目指しました。

——これは、PDマネジメント（61ページ）のお話ですね。

金井　そうそう。もし途中である部品の開発が頓挫したとしても、「そもそも、これは何のためにやっているんだ？　なぜこれを作っているんだ？」というところにぱっと立ち返れるから、関係者はスムーズに前提を共有でき、議論がしやすくなります。ということは、軌道修正が容易になるわけです。

――あ、これだと「内挿のなぜ」「外挿のなぜ」（83ページ）もすぐにできそうだ。

金井　他社のベンチマークを徹底させたもう一つの理由は「当社比で前モデルに対してこれこれを改善しました」と言わせないためです。「100のものを120にしましたよ。偉いでしょう」といばっても、世の中を見てみろよと。そこに200のものがあったら、世間では「何だ、負けているじゃないか」ということじゃないですか。勝てないものを一生懸命作っていることになるじゃないですか。ですから、当社比の改善はやめよう、禁句だ、と言っていた。

競合は経営が、項目は現場のエースが決める

金井　ほかにも、ベンチマークについてはいろいろなことを言いましたよ。まず、どこの会社のどのクルマを調べるか。これは経営者が決めないといけない。「競合車に何を置くか」ですから。そして、どんな項目を調べるか。それはその部門の最善の英知を集めてやりなさいと。

――プランのPを作る際に全力投入。まさにPDマネジメント。

金井　そう。そしてその計画を立てる前提になるのは、ライバルとなる競合車の徹底的なベンチマークですよ、ということです。そこをしくじると目標設定をミスすることになる。ひいては後の仕事が全部手戻りになりかねない。優秀な人材を投入して、時間もかけて、ちゃんとやりなさい、と開発システムに組み込んだ。
　実際のベンチマークは、縦軸が調査項目、横軸が競合車ですね（108ページの表参照）。横軸は経営者が決める。縦軸、何を調べるかは現場が決める。このマトリックスを埋めていくのが具体的なベンチマーク活動です。

――表の★印が意味する「BIC」とは何ですか？

金井　ベスト・イン・クラス、競合の中で性能なり価格なりで、開発チームが考える「性能についてはこれがベスト」「コストについてはこれが世界一」の車種だということです。マトリックスがデータで埋められたら、どれがBICかというのは対比すれば分かるでしょう。これがファクトであり、データベースになる。
　次は、表が右に広がります。「我々が造る次のクルマをどうするか」という案を書き出す欄です。下にも広がります。我々が「こういうクルマを造ろう」と決める際に、さらに考えねばならない項目、投資額とか、共通化の程度とか、コンセプトとの一致度とかを評価します。ここはまだ推測で、ファクトじゃないわけですね。なので、明確に分けておく。

そして、ベンチマークの表を見ながら、いろいろな案を出していきます。「一番安く造るならこれ（A社の××）」とか「一番性能を良くするんだったらこれ（B社の△△）だ」とか。それぞれの利害得失を話しあっておきます。

次はシステム（サスペンション、エンジンなど主要部品の組み合わせ）の選定と、目標設定のセットにいって、さらに一番右に1行足すんです。このときには、例えば、コストの行でも左の数字をそのまま入れるんじゃなくて、我々が目指す今の時点の目標、コミットメントとして一番右に最終決定案として書きだす。

まだまだすっきりしていなかったんだけど、それでも「現状はライバルのA社の××に負けていて、B社の△△には勝っているな」とかがすぐ分かるし、あとから振り返っても使える。こういうことに真面目に取り組むのが、手戻りを起こさない、ムダな仕事をしない、PDマネジメントの具体的な進め方の一例ですよ、と。アテンザでその通り開発をやって実例を作ったのですが、こういうのはすぐ風化してしまう。なのでその後も繰り返し訴えました。

◉“世界一”を目指すベンチマークの概念図

金井氏が行った開発目標設定の流れ

		1 ベンチマーキング				2 システム構想（複数案）			3 システム選定・目標設定
		Fact / Database				Estimate / Alternative			Target / Commitment
		現行車	競合車A	競合車B	競合車C	Alt.1 Cost BIC	Alt.2 ……	Alt.n 商品性 BIC	最終決定案
コスト	部品1				★				
	部品2		★						
	部品n								
重量	部品1				★				
	部品2	★							
	部品n								
商品性	部品1		★						
	部品2	★							
	部品n								
課題	投資額								
	共通化								

金井氏の資料より作成。★印はベンチマークを行って判明した部品別の「Best In Class（BIC）」。「コスト」「重量」など項目（これら以外にもある）別に細かく比較する。発売までに競合車も進歩するので、それを見込んだ上で、個々のBICと同等以上を目指す。そのために、どのようなシステム構想（サスペンションの形式、ドアのシール構造、排気管のレイアウトなど、多岐にわたる）を採るべきかを考える。この際、よりコストを重視した案、性能に振った案、など複数を用意する。最後に、どれを選んだかを明示。必ず努力による伸び代を加味した目標値にする。

Chapter

5

社運を賭けた「アテンザ」で勝ちパターンを見出す

「最高で超一流、最低でも一流だ！」

開発の現場にいた金井氏は「目標を正しく設定し、仕事の手戻りを起こさない仕組みが必要だ」と、マツダの仕事のプロセス（ＭＰＤＳ）を、他社に先駆けたデジタル化（ＭＤＩ）を通して改革しようと動く。ところが思わぬ辞令が下りた。「社運を賭けた新型車（後のアテンザ）の主査を担当せよ」――。

――フォードの傘下に入った後も、マツダの苦境は続きました。２００１年にはついに希望退職の募集に踏み切り、１８００人の枠に２２１３人が応募。まさにマツダにとって最も辛い時期だったかと思います。

初代トリビュート（2000～06）、2代目は国内では販売されなかった。

金井　SUV「トリビュート」が00年に発売されたあと、01年にはついに新車が出せませんでした。長い長い空白を経て、18カ月ぶりのニューモデルとして02年の5月に登場するのが、「アテンザ」です。プラットフォームから一新する、久々のオールニューモデルです。

――自ずと気合が入りますよね。

金井　そうです。1年半も空けたのは業績が厳しいこともありましたが、「マツダの復活を賭けたZoom-Zoom戦略車第1弾」に中途半端なクルマは出せない、全力を注ぎ込もう、ということでもありましたね。「Zoom-Zoom」は、現在も使っている我々のブランドメッセージです。

―― 最初に伺いましたが、子供がミニカーで遊ぶときに、「ブーン、ブーン」と口にする、あれが英語だと「Ｚｏｏｍ－Ｚｏｏｍ」。

金井 そう。子供のときに感じた「動くこと」への感動、憧れを持ち続ける方に、人生が楽しくなるような、心ときめくドライビング体験を提供したい、という我々の意思を込めています。私にとっては、とても勇気づけられる言葉でしたね。もともとは97年ごろに、親会社となったフォードから「マツダは我々のグループの中で、どんな個性を発揮したいのか」という問いかけを受けて生まれたんです。

社内で議論の末、98年ごろに、マツダの個性は「スタイリッシュ、インサイトフル、スピリッテッド」だろうと。噛み砕くと、際立つデザイン、抜群の機能性、反応の優れたハンドリングと性能という言葉になって、それらを一言で表す言葉として、２００２年から「Ｚｏｏｍ－Ｚｏｏｍ」というキャッチフレーズが使われるようになったんです。

―― 初代アテンザの開発がスタートしたのは１９９８年と聞いていますが、マツダの方向性がＺｏｏｍ－Ｚｏｏｍに定まってきたころなんですね。そしてそのままＺｏｏｍ－Ｚｏｏｍ第1号車になった。しかし、金井さんの心に、そこまでこの言葉、Ｚｏｏｍ－Ｚｏｏｍが響いたのもちょっと不思議です。

金井　これはあちこちでした話なんですけれど、私は30歳過ぎのころに、ドイツの高速道路、アウトバーンで、自分のプライドを粉々にされる体験をしているんですよ。

ドイツ車よ、今に見ちょれ

金井　ちょうど「自分もクルマの足回りの技術者として、一人前になってきたな」と少しうぬぼれ始めた時期でした。速度無制限のアウトバーンをうちのカペラ（3代目、CB型）で走ったんです。そうしたら、アクセルを床まで踏んでもやっと時速170㎞。音はうるさいし、車体も震える。ハンドルやブレーキをうかつに操作するとクルマがどこに飛んでいくのか分からない。

――それは怖い。80年代前半の日本車はそんなものだったんですね。

金井　恐怖と緊張で、例えでなく本当に「手に汗を握る」、とてもじゃないけど運転を楽しむどころではなかった。

ところがその後、ドイツのプレミアム車といわれるクルマに乗ってアウトバーンを走ると、200㎞出しても手に汗をかかないどころか、運転が楽しくて気分が爽快になる。官能的ですらあった。彼我の差に、愕然としました。

――アタマにBの付く会社のクルマですか。

金井　乗ったのはそれだけじゃないですけどね（笑）。まあ、とにかく、マツダのクルマじゃ全然かなわない。「あのレベルに追いつくまで、何年かかるんだろう」と打ちのめされた。以来、彼らに負けない、いや、勝てるクルマを造りたい、どうせやるなら世界一だ、という目標が自分の中に生まれたんです。

――技術者としての敗北感の中から、「ドイツ車に勝つ」という目標が生まれたんですね。

金井　そうしたら、マツダがこれから目指すクルマ造りがきちんと言語化された。どの方向に個性を出すのかというのを、会社として示してくれた。方向が定まった。まずこれがありがたい。

――「この土俵で戦う」という、大きな枠ができたことになる。

「金井、お前、挑戦していいよ」ということだな

金井　ええ、もうその場その場で、さて今度はどんな個性にするんだ、どうすれば実現で

きるんだ、と、どたばた考えなくて済む。

しかも、「反応の優れたハンドリングと性能」という言葉を与えてもらった。ここですね。これに私は、すごく共感しました。ラグジュアリー路線や「とにかく室内広々」などじゃなく、スポーティーな、走って楽しいというところに行くんだと言ってくれた。

我々のレゾンデートル（自分自身が信じる「生きる理由」）は、やはり「走り」だよ、と。気持ちよく走れる「ハンドリングと性能」を、マツダの目標として掲げてくれたのがすごく嬉しかった。自分としては、やっと「金井、おまえ、挑戦してもいいよ、存分に戦ってドイツ車をあっと言わせてみろ」と会社から言われた、みたいな気分で。

――会社公認で「アウトバーンの屈辱」にリベンジできる。これは燃えますね。

金井　でも、もちろん、誰もそこまで直接僕に言ってくれたわけじゃないんだけどね（笑）。勝手にそう感じただけです。

――あ、そうでしたか（笑）。でも、そうなったら99年にアテンザの開発責任者、主査に指名されたときは、もう、燃えに燃えたでしょう。

金井　いやとんでもない、実は一世一代の不運、貧乏くじだと思いました。

――またまたそんな……。

サラリーマン人生、最大の不運

金井　本音です。そのとき私は車両先行設計部の初代部長として、企画から設計、実験、製造までを一気通貫にデジタル化する「ＭＤＩ」の仕組み作り、開発プロセス「ＭＰＤＳ」の見直し、企画から開発への橋渡しなどに忙殺されていました。その後アテンザになる新型車の開発についても「せっかくのオールニューの新型車だ、気合いを入れてベンチマークをしなさい」と、ハッパをかける側だったんですよ。

――そうか、アテンザの開発チームを「もっと頑張れ」と叱咤していた。

金井　「次はこんな設計構想で……」と言ってくる、当時はまだ車名はありませんけどアテンザになるクルマを開発するチームに「まだ目標が低い」とか「自社比では改善していても他社に勝ってると言えるの？　もっと研究したら」とか言っていたわけです。まあ、言うほうは楽なんです（笑）。それでも、かつての空しい開発作業……目標はその都度その都度作り、予想外の事態が多発して手戻りが発生、さんざん苦労して出してみたら売れない、という、誰も幸せにならない仕事を繰り返すのだけはもう嫌でしたから。

ところが、そこで頑張りすぎたのか、ちょうどベンチマーク活動が一巡りしたぐらいのところで「お前が（アテンザの）主査をやれ」という話になったわけです。

――それはどういう経緯で……。

金井 詳しい事情は知りません。主査になったら企画側、営業側の仕事も一気に増えたので、そういう意味では戸惑いもありました。でも、プロセスをずっと見ていたわけですから、開発状況は分かっていましたけどね。

――やはり「待ってました」という感じになりそうな気がしますが。

金井 いや、だって、土壇場のマツダの復活を賭けた、絶対外せない商品ですよ。そして、目標と現実に大きな乖離があることを、自分自身が作った仕組みを通して、僕、つぶさに見て知っているわけですよ。だから「ああ、このクルマの主査やる人は大変やな」と、同情していたんですよ。ところが、なんと私におはちが回ってきた。ですので「とんでもない貧乏くじを引かされたぞ」と。大きな乖離に対して「自分だったらどうするか」というはっきりした思いがあったわけでもないしね。ひたすら、これは大変だなと。

――ここで「ドイツ車にリベンジしてやると勇んで拝命したんです」と言っていただけたら、サクセスストーリーとしてはとてもきれいにまとまるんですが。

金井 「自分自身が突きつけた厳しい要求を、自分でクリアせねばならないポジションに就いてしまった」というのが本音です。でもサラリーマンですから、いやも応もありません。

――では、サラリーマン金井さんは、アテンザになるクルマの理想と現実との乖離をどう乗り越えていったんでしょう。

金井 最初にやったのは、この理想と現実のギャップの悲惨な現状を、要所要所の責任者や役員に説明して歩くことでした。

「こんなにいいクルマなのに、大変なことになってます」

――なるほど。どんな感じで持っていくんですか。

金井 私はどっちかというとウエットな人間なので、ことさら深刻な顔をしてね。「こんな大変なことになっているんです」って。正直に言うんですよ、包み隠さずね。「えらい状況です、やりたいのはこういうことなんですが、コストの見積もりをすると、ほら、ここまでオーバーしています。何とか埋めないと商品が出ません」と赤裸々に訴えました。

――そういうの、怒られそうじゃないですか。怖いじゃないですか。

金井 自分がやったのは、正直に、都合の悪いことも隠さずに言うことと、直接の上司はもちろん、横、斜め横にも相談することだけです。一つコツがあるとしたら、「大変なことになっています」と言ったあとに「でも、デザインはもうここまでできています、こんなにかっこいいんです。クリニック（顧客アンケート）の結果もすごく評判がいいんです」と付け加える。「だから、何とかこのクルマを世の中に、このままの形で出したい。でも、コストギャップがこんなにあるんです」とね。

――なるほど。かっこいいデザインを見せて、「へえ、これがうちの新型車になるのか。なかなかいいな」と思わせたら、相談に乗ってやるかという気になりそうですね。

金井 「苦労していただきます。ですが、いただくだけのことはあるものをやっております」という切り口でお見せするわけです（笑）。皆さん、これが社運を賭けたクルマだと理解しておられたので、自分ごととして受け止めてくれましたね。「社内の知恵を集めて解決策を探ろう」「すぐサプライヤーさんに相談しよう」と、動いてくれました。

――関係しそうな部署や人、全部、縦横斜めに当たってそれをやった。

金井 そう。要は正直に現状をいろいろな方にシェアしたという。

――これまたユーノス800の際の手法を、範囲を拡大して適用しているようにも思えますね。あのときはエンジンルームの容積不足でしたが、それがクルマの開発全体に広がった。初代アテンザの開発では、何が一番の問題でしたか。

金井 まあ、コストの問題が大きかったですね。

フォードに絞られる。「マツダはずさんだ！」

――一番予想外にコストが掛かったのはどこでしょう。

金井 全部ですよ。

――いや、まあ、そうでしょうけれど（笑）。

金井 どこもかしこもギャップが大きかった。

――分かりました。事実上の親会社、フォードがコストに厳しいからですね。当時マツダにいた方の書かれたコラムで、金井さんと思しき方が、フォード出身の役員からコスト問題でめちゃめちゃ絞られていた話を読んだ記憶があります。

金井 ええ、確かに、たくさんご指導は賜りました（苦笑）。

――コストに限らず、フォードからの〝ご指導〟については「合理的だな」と感じられましたか。

金井 感じなかったわけでもないですよ。

――ないことはない（笑）。

金井 まあ、開発に直接関するところでは、あまりないですね。ただ開発プロセスの中で、我々は例えばコストとか投資額の扱いについては、かなり、言ってみればアバウトだったんです。フォードはそこに、大変緻密な規律を要求してきた、というのはありますね。「はあ、ここまで見るのか」という。

――なるほど。5チャンネル化のところでも出ましたが、それまでのマツダには個性優先、一発ヒットが出れば全部チャラ、という成功体験があったから……。

金井 開発のコスト、投資ということに対する厳格さ、緻密さは、マツダになかったものを入れてくれたと思います。私らはまあ、ちょっとぐらい予算をオーバーしても、「だいたいそんなもんだよな」なんて話をしていたけど。そこは厳しかったですよ。1台当たりいくら償却しないといけないとか、そういうのをとことん詰めてくる。

コスト計算もあるんですけど、フォードから来た、特に財務系の人は、収益を生み出す要素についてものすごく細かく見ますね。それから、「この部品はこのクルマでも使っているのに、こっちのほうが高いのはどうしてなのか」というのをごりごりごりごりやるとかね。サプライヤーさんの競合もマツダよりかなり執念深くやる。「いや、昔からここと取引しているから」という情は認めてもらえない。

――そういえば、マツダもフォード流のサプライヤー認定制度、「FSS」を、傘下入りしてから導入しましたね。

金井 あれは当時、(日産自動車のトップだったカルロス・)ゴーンさんがやったことに近いかもしれませんけれど。導入当初からマツダ社内外で不評で、購買部門からフォードの人がいなくなった05年にさっさとやめています。

――ともかく「この値段の理由を言え」という質問が、大変細かい数字までどんどん下りてくる。

金井 会議では「この部品のサプライヤーの利益率はいくらか、その理由は」と、役員が主査に対して聞いてくる。マツダの主査はそんなのよう知りませんでしたから立ち往生していると「何だ、そこもまだ押さえてないのか」みたいな感じなの。彼らは「マツダの社員たちはずさんもいいところだ」ぐらいのことは思っていたでしょうね。

――とはいえ、経営者の立場も知った今は、その思考も理解できる、とか?

金井　どうだろう。数字ばっかり並んだ収益計算書を役員がみんなで見ている姿は、私はあんまり好きじゃないですね。「もっとやることがあるだろう、経営者は」と今でも思うんですけど。まあ、そうは言っても、フォードが入ってくる前のマツダが、あまりにもずさんだった、ということだと思いますよ。

フォードのシステムを入れたから、すべてが合理的に動いたとは言えませんけど、あれだけ管理をストリクト（厳密）にされると、今まで我々が普通にやっていた「ご都合主義」では企画・開発ができなくなりました。「まあ、大丈夫だろう」みたいな言い方じゃ通らなくなる（笑）。

――「ちゃんと数字に出せ、論理的に説明しろ」と迫られると、合理的にならざるを得ない。

金井　フォードはやっぱりロジカルなことを求めたから、そこが、ふわふわとしていたマツダにとってはよかったと思いますね。論理と数字ですよ、フォードが気にしたのは。

――なるほど。ちなみに、「論理と数字を重視する合理的な企業風土」というのを体験したことがないのでお尋ねしたいのですが、論理と数字が担保されているのであれば、上司に対して、思い切った提案や発言も許されるものなのでしょうか。

金井　それは、その場にいる偉い人のキャラ次第です。これは個人差がすごくありますね。

――企業文化がどうというよりは、個人による。その場のトップの方のキャラクターというのが反映すると。

金井　ものすごく反映します。それは痛感しました。

コストと性能はトレードオフ、じゃない？

――話を戻しまして、金井さんはそういう厳しいフォードの下で、アテンザのコスト問題をどうやって解決されたんですか。

金井　性能とコストは、普通にやっていたらトレードオフです。そこをどちらも満足させる、そのために苦労するのが技術者の仕事です。まあ、仕事って、技術に限らずだいたい二律背反ですよね。彼らが山のような課題を一個一個つぶしていく傍らで、最終的な目標を見失わないように、「やっぱり、志を示そう」と思いつきました。

――えっ、ちょっと待ってください。どちらも満足って、性能は上げてコストも下げる。両方やっちゃうんですか。二律背反をバランス取りで解決しちゃいけないんですか？

金井　うん、二律背反は、革新的なアイデアを見つけるチャンスなんです。でも「そもそも何のためにこの課題解決をやっているのか」という視点を持っていないと、「目の前の問題をさっさとやっつけよう、まだ次から次へと課題があるし」というプレッシャーに押されて、付加価値のないバランス取りに走ってしまうんです。そうすると、二つの課題を一度に解決するアイデアを見つけるチャンスを逃がしてしまう。

我々は何のためにこのクルマを造っているんだ？　新生マツダの意気を示すためじゃないのか？　という気持ちがないと「この二律背反を必ず突破するぞ」と粘れない。

――そこで志だと。

金井　このときはまだアテンザという名前が決まっていませんので、開発コードを表題に据え、「志」として、00年に作りました。「Ｚｏｏｍ‐Ｚｏｏｍ」という言葉も出ていなかったので、1行目に、新しいブランド戦略を「フルスケールで体現」する、と書いたんです。２つ目は、ミッドサイズカーの「新たな世界ベンチマークとなる」。

――世界のベンチマーク。世界中の自動車会社がミドルサイズセダンを造るにあたり、「アテンザを基準に」するようになる、という意味ですね。これってつまり、「オレたちのクルマが一番だ、世界の目標になるんだ」と言っているわけですよね。

金井　「世界一」はずうずうしすぎるかなと思って控えた（笑）。だけど、「世界ベンチマークを目指す」でなく「世界ベンチマークとなる」にして少し意地を……。

――しかし、世界一とは何ですか？　逆らい難い目標ではありますが、具体性が乏しいようにも感じます。

金井　だから、ベンチマークなのです。我々は何をもってアテンザを「世界一」としたいか。例えば端的に、「コストを考えず、性能で世界一を目指す」という考え方もあります。だけど、我々のは価格も含めてですからね。「同じコストで最も性能がいい」のも世界一ですし、同じ性能なら最も安く造れば、これも世界一です。各担当技術者からこうした「世界一」を提案してもらい、そこから組み立てるんです。

――具体的に、ジャンル・条件を絞って設定された「世界一」。

金井　そう。そして、技術者がベンチマークをしっかりやって、勉強して、工夫すれば、「世界一」は決して手が届かないものではない。必ず実現できる。というか、できるまでやる。その気持ちを志の副題として「最高で超一流、最低でも一流」と付け加えました。

――最高で超一流、最低でも一流。こんなこと言う会社員、見たことない。

金井　超一流、すなわち世界一。積み重ねていけば、そうなるはずだ、と。参考までに言

金井氏が作った「志」

一、新しいブランド戦略を
「フルスケールで体現」する

一、ミッドサイズカーの
「新たな世界ベンチマークとなる」

一、全ての面で「BetterでなくBest」
「最高で超一流、最低でも一流」

一、開発・生産・販売・サービスする、
購入・所有・使用する、
「誰もが誇りを持てる商品」

えば、当時のシドニーオリンピックの女子柔道で金メダルを取った田村亮子さんの「最高で金、最低でも金」をパクリました。

――「野郎ども、一歩も引くな、俺が付いてるぜ」って感じですね。その「志」を掲げたことは、アテンザの開発にとって大きな意味があったのですね？

金井　意味はあったと思います。だけどね、かっこよく話しましたけれど、私の正直な認識を申し上げれば、さっき言いましたようにトリビュートのあとは、アテンザまでニューモデルがないこと、これが最も大きかった。みんながある意味、新生マツダの第1号車であるアテンザに集中してくれたんですね。このタイミングが、大きな幸運だったと思います。

開発スケジュールも、これまた自ら手を入れたMPDSで「足並みを揃えて」やるわけですから、まあ、決して順調ではなかったけれども、無理やり守り抜きました。ただ、本当は「せめて半年、発売を繰り上げられないか」というプレッシャーがあったんですよ。

――経営側は当然、そう思うでしょうね。

金井 それは分かりますよね。18カ月、新しい弾（新車）がない状態が続くんですから。でも、お断りしました。「ミッドサイズカーの世界ベンチマークになる」という志で開発しております。何とぞ、堪えてくださいと。

――おお、「地上の星」（NHKのドキュメンタリー番組「プロジェクトX」の主題歌）が聞こえるようなお話。

実は「手戻り」が猛烈に多いクルマでもありました

金井 なんだかこの話、ものすごくかっこよすぎる気がしてきましたので（笑）、打ち明け話もしましょう。アテンザは、実は、「こんなにセッペンが多いクルマは初めてだ！」

と叱られたクルマでもあります。

――セッペン？

金井 「設計変更」のことです。設計の見直しです。

――えっ、それって、ここまで金井さんが「PDマネジメントが大事」と言っていたことと違うじゃないですか……。

金井 そうなんです。言いわけをさせていただけば、アテンザの開発時点では、設計を評価する技術、「この設計で本当に作って大丈夫か、予定した性能が出せるのか」を判定するレベルが、今ほど高くないんです。つまり、当時はまだまだ、試作車を造らないと「これでいいのか」が分からないし、ダメなところが見つからない。そういう部分がたくさんあった。しかも、志だけは……いや、だけじゃないんだけど、世界一をと高いレベルを要求しているので、かなりたくさんチャレンジが入っているんですね。そして、チャレンジには失敗がつきものですから（笑）。

――それはまさに、MDIのシミュレーション技術で解決すべき問題ですよね。さっそく、その実力不足が第1号のアテンザの開発で露わになった。

金井 はい、「こりゃ気合入れてMDIを本物にしないと」と改めて身に染みました。

――例えば、どんな失敗によるセッペンがありましたか。

金井　開発の末期に、リアサスペンションの見直しをしています。どうしてもリアサスがしゃきっとしないので、その対策をしました。これは、実は最初ちょっと私が頑張らせすぎたせいなんです。

アンビリーバブルな設計変更

――頑張らせすぎた。

金井　足回りの開発チームは、サスペンションの剛性を高めるためにガセット（補強材）を付けたいと言っていたのですが、彼らの提案通りではトランクルームの幅がうんと狭くなってしまうことが分かりました。そこで、ガセットの幅を少し削ろうということになったんです。そのとき、私がけちって削らせすぎた。これが後々尾を引いて、剛性不足から満足のいく走りにできなくなった。

――金井さんは、足回りの開発出身、いわば専門分野なのに……。

金井　まったくその通り、私の判断ミスです。そこで、量産に入る半年前くらいの時点で、後輪の足回り（リアサスペンション、以下リアサス）の設計を相当大幅に補強する変更をやったんですね。

――量産開始の半年前。工場が生産ラインの準備をほぼ整えたころでしょうか。

金井 ええ。補強なんてもはやあり得ないタイミングです。

ここは当時の足回りの設計チームと実験チーム、そしてサプライヤーさんがもう本当に頑張りました。「やろう」と決断してから、実験の人がすぐ対策部品を手作りしましてね、それを量産できるように手を入れて、プロトタイプ、つまり現物がですね、ほんの数日でできたんですよ。それを見たフォードから来ていた開発トップのフィル・マーテンス（当時マツダ常務）が「アンビリーバブル！」と。

――アンビリーバブルですか。そのアンビリーバブルだけはもしかしてMDIが、設計図の3D化がそれなりに効いていたりするんですか。

金井 全然効いてないですね。

――関係ないですか（笑）。

金井 残念ながら違います。設計が図面を描く時間すらなくて、紙で作った部品の模型を持ってサプライヤーさんに行って、「このパーツをこういうふうにここへ追加してほしい、ここのラインをもうちょっとこう変えてほしい」と口頭で説明して、先方も徹夜で仕事してくれて、さっと現物になってできてきた。それを取り付けて試験したら狙った通りの走りになった。「じゃあ、それでいい、本型を変えよう」と。超アナログな話なんです。まだまだ、当時はそんなものでした。量産を遅らさざるを得ないんじゃないかと思うぐらいでしたが、それでやらせてくれましたね。結果的にはスケジュールも守れた。

―― ひやひやものだったんですね。

「カナイさん、あとは俺に任せろ」

金井 アテンザの開発は、一方では技術開発の、もう一方では予算オーバーとの戦いで、経営陣、特にフォードから来た方には叱られることも多かった。本当にいろいろなことがありましたよ。コストギャップを埋めるために長い間苦労し、実のところ、最後まで目標とのギャップはいくらか残ったんです。

―― うわあ。フォードの偉い人からめちゃくちゃ叱られそう。

金井 （両手を広げて）このぐらいあったギャップが（前で手を揃えて）このぐらいには

初代アテンザ(2002～08)

なりましたが。そうしたら、このリアサスの改変をやったころに、アンビリーバブルと言った常務のマーテンスが「カナイさん、もうコストのことは俺に任せろ」と。

――えっ。

金井　お前はいい商品を造ることだけやってくれ、と。泣かせるんですよ、そんなことを言ってくれて。

――ぐっと来ますね。マーテンスさん、いい男ですね。

金井　うん、いい男ですよ。とてもありがたかったですね、あれは。〝個性重視〟のマツダで育った我々は、シビアなコスト意識をフォードから学んだわけですが、ではフォードの人間は全員ソロバンだけかといえば、そんなことはありませんでした。特にマーテンスは、自動車会社の研究開発のトップとしては、一つの理想型と言ってもいい人だったのではと思いますよ。

――へえ！

金井　クルマを愛していて、運転が上手で、リアサスの件も我々以上に「これはなんとかしないと」と言ってくれた。彼とクルマの開発についてああだこうだとやりあう時間が、私は大好きでしたよ。

Column

マツダに来たフォードの「カーガイ」たち

「このころ、フォードのクルマの開発全体を仕切っていたのが、リチャード・パリー・ジョーンズさん。彼を見て、自分もああいうふうになりたい、と思ってやっていたのが、マーテンスだったんじゃないかな」と金井氏は語る。

リチャード・パリー・ジョーンズ氏は、欧州フォードのイメージを一新するハンドリングカー、初代「フォーカス」を造ったエンジニア。フォーカスは

1998年に登場し、当時の同クラスで絶対王者だった独フォルクスワーゲンの「ゴルフ（4代目）」を凌ぐ評価を得て、「ハンドリングのフォード」という名声をヨーロッパで確立した。彼はその後、フォードの新車開発とデザインを担当する副社長に就任した。そしてマツダを訪れたときにRX-8のプロトタイプに乗ってその走りに惚れ込み、「ロータリーエンジン存続」をフォードの役員会で認めさせた、と言われている。

広島にやってきたフォードのカーガイはまだまだいる。96年から商品開発担当本部長、常務を務めたマーティン・リーチ氏は、12歳のころにヨーロッパのカート選手権でチャンピオンになった本物の〝レーサー〟。後に鈴木亜久里氏が率いた「スーパーアグリF1」を支援し、フォーミュラEにも関わる（2016年病没）。99年に社長に就任したマーク・フィールズ氏も根っからのスポーツカー好きとして知られる。「Zoom-Zoom」コンセプトを承認したのは彼である。

「走りの楽しさ」に一家言を持ち、経営者としての実力もあったフォードの役員たちがマツダに集まっていたこと、彼らがマツダのレゾンデートルを見抜き、技術を救い、開発者たちを支援したことは、いまマツダが「Be a driver」

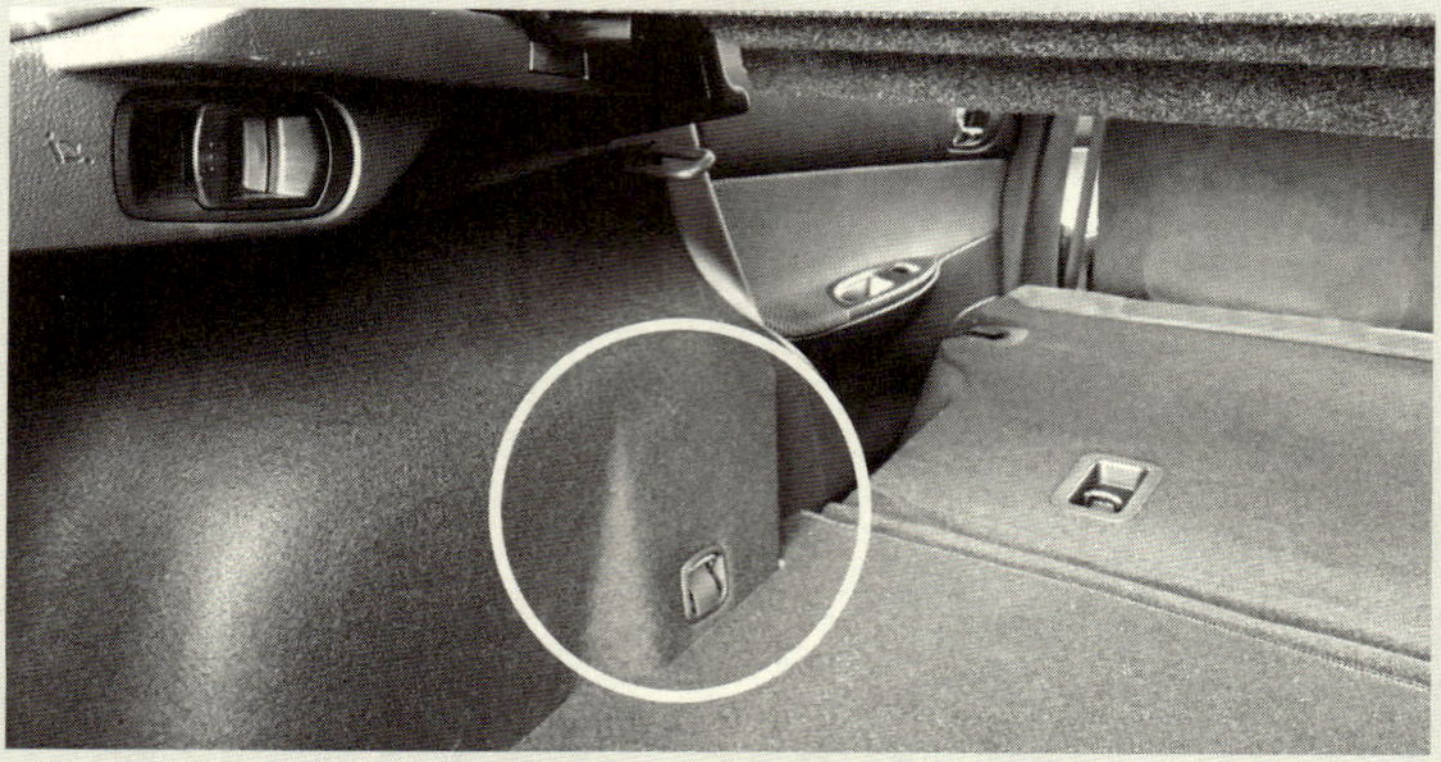

初代アテンザ（5ドア車）のラゲッジスペース。白く囲んだところが、「ガセット」の追加によって膨らんだ部分。写真のように後部シートを倒した際にはちょっと目立つ……かもしれない。荷室を「タテもヨコも、スッキリ真ったいら」にしたかった金井氏のこだわりが、アンビリーバブルな「セッペン」につながってしまった。ご本人は久々に見た初代アテンザの前で「ここの膨らみがなければ」と、いまだに少し悔しそうだった。
（写真：著者）

を標榜するに至るうえで、あまり目立たないが重要な背景だ。

彼らの支援も受けて02年5月に発売されたアテンザは、これまでのマツダ車のイメージを一新するヒット車となり、2代目に引き継ぐ08年までに全世界で132万台を販売し、「RJCカー・オブ・ザ・イヤー」をはじめ、国内外を合わせて134の賞を受賞。ようやくマツダは息を吹き返す。

Chapter

6

マツダの未来がフォードの中に見えない

「一見順風満帆だけど、マツダの明日はどっちだ？」

アテンザのヒットを一つのきっかけとして、マツダは苦境を脱し業績は急回復した。一方で、自動車産業を取り巻く状況は厳しくなっていく。環境対策、安全対策の要求は高度になり、国際競争もますます激化していた。マツダにはまだ、これらに対する長期戦略が用意されていない。アテンザの成功のヨコ展開も、フォードが支配する中では進まない。フォードとマツダの歩むべき道のズレが、徐々に露わになっていく。

――アテンザのヒットからマツダの業績は上向いて、2006年3月期には営業利益1234億円と過去最高を記録しました。金井さんも03年に執行役員、04年には常務として車両開発・開発管理担当、翌年には研究開発も所管と、この時期はまさに、会社も金井さんも順風満帆のように見えますね。

金井　外からはマツダ復活と見られ、Ｚｏｏｍ－Ｚｏｏｍも好感を持って受け入れられて、業績は急回復中でしたけれど、あのころの私の心は焦燥感でいっぱいでした。

――どうしてですか。

金井　まず、マツダのサバイバルの大きな手段と期待していた「ＭＤＩ」による開発期間の短縮と、コストダウンがなかなかうまくいかない。

外的要因を挙げるとすれば、メーカー間の競争の激化、そして、安全対策と環境規制が世界的に急速に強化されたことです。クルマの開発はだいたい3年間をかけて行いますが、その間にも状況がどんどん厳しくなるので、対処のために、最終出図（量産用として確定した設計図）のあとも設計を変更せざるを得ない事態が発生して、ＭＤＩで効率化しても追いつかず、手戻りとコストアップにつながっていました。

――なるほど。

金井　さらに大きな問題は欧州の環境規制です。05年には京都議定書が発効し、欧州連合（ＥＵ）では「12年に、1つの自動車会社の全乗用車の平均で、ＣＯ２（二酸化炭素）排出量が1㎞走行あたり120g以下に規制される」とみられていました（※最終的には「130g以下」となる）。

――当時の各社の排出量の平均はどのくらいでしたか。

金井　資料によりますと、05年時点で、アウディ177g／㎞、メルセデス・ベンツ185g／㎞、BMW192g／㎞で、マツダは177g／㎞、ほぼ同水準です。マツダは上位車種のアテンザがよく売れていましたので、日本車メーカーの中では下位に沈んでいた。とはいえ、当時の最新型のハイブリッド車（以下HV）でも、100gは切っていなかったと思います。とんでもない目標です。

――欧州市場でマツダを支える上位車種が、規制の影響をもろに受けてしまう。

7年後にマツダは最大の市場を失う

金井　マツダの輸出比率はこのころ7割を超え、その最大市場であり収益源が欧州でした。そこでクルマが売れなくなるかもしれない。そんな規制が始まるまで、もう7年かそこらしかない。マツダはどんな技術で規制をクリアし、生き残るのか？　HVなのか、電気自動車（EV）なのか、それとも水素（を使う燃料電池車）か？

――水素といえば、水素で動くロータリーエンジンってありましたよね。

金井 ありました。ロータリーエンジンが水素燃料でも回るというところがはっきり分かっていたので、「水素エンジンならマツダはすぐできるぞ」といろいろやったんですが、そもそも水素燃料のインフラが存在しない状態で、マツダが先行したところで絶対にビジネスにはできない。という確信が持てまして、断念しています。

――せっかくのロータリー復活の道なのに。

金井 07年ごろかな、正確には覚えていないんですけど、ノルウェーで水素エネルギーの国家プロジェクトに協力したことがあるんですよ。オスロからスタヴァンゲルというノルウェーの南海岸を半周するような高速道路に水素ステーションを配置する。実証実験をやるからクルマを出してほしい、と言われたので、はいはいと出したんです。ところが、そのプロジェクトから2年ぐらい経過しても、一向に水素社会が来るにおいがしないんですね、まったくもって。

当時は、メディアでも「これからは水素社会だ、水素が切り札だ」という論調がありまして。純真な私たちとしてはそれを信じて、そうなのかとやったわけですが、どうも世の中の雰囲気より、自分で考えたほうがいいんじゃないか、と確信いたしました（笑）。

――ともあれ、常務として研究開発を担当されて、水素をはじめ、会社の研究開発の状況は把握していたわけですよね。

金井　はい。現状がどうなっているのか、12年の規制強化にどう対処するのか、聞いて回りました。誰に聞いても答えは「さあ？」。何もまだ準備ができていなかったんですよ。

まずはロマンを語ろう

金井　規制施行のカウントダウンはとっくに始まっている。幸い、経営環境には余裕がある。それなら今こそ、全社の長期戦略を考えるべきだ。

と思っていたら、経営企画の方が「そろそろマツダの長期ビジョンを作りましょう」と言い出したんです。これは願ってもない。「そうだ、そうだ、ぜひやろう」と後押しして、05年7月にプロジェクトチームが発足し、分野、地域などに基づく12の「クロス・ファンクショナル・チーム（CFT）」が作られ、私は研究開発チーム「CFT6」の責任者となりました。

——CFTは金井さんが考えていたマツダの課題を解決すべく設けられたものですか。

金井　いいえ、このときの長期戦略策定の目的は、販売台数や利益率などの数字をもって「10年後のマツダ」を描くことでした。でも僕らは「そういうのはほかの人に任せて、私らは商品と技術の世界でのマツダの2015年を描こう」と言っていました。

CFT6に集まったのは、経営企画、商品戦略、技術研究所、技術企画の部署の代表者です。彼らに「環境対応はもちろんだけど、この際、15年にマツダは、どんなブランドになっていたいか、考えてみよう」と投げかけました。まずはロマンを語ろうと。

——どんなクルマを造りたい、ではなくて？

金井　ではなくて、どんな商品を品揃えした、どういう会社になっていたいか。それを、開発なりのビジョンで描こうと。15年には、例えば「Zoom-Zoom」においてはもはやマツダの右に出るものはない」ぐらいの、ワクワクを提供しているようになりたい。「環境とか安全については、世界のトップクラスだ」と言えるものになっていたい。

——開発中心のチームだけで考えているときに、もうそこまでの話をされたんですね。

金井　というのは、開発の人間って、例えば「10年先」という設定に対して、ある程度具体的なスケジュール感覚を持ちやすいんですよ。どういうことかというと、15年にこういう会社になっていたいんだとすると、およそこんな商品がショールームに並んでいて、そのクルマたちはこういうふうに世の中に受け止められている必要があるだろう。そうなると、遅くても来年には企画を具体的に始めないと間に合わないぞ、という具合に。

あの会社から「マツダは油断できない」と言われたい

――ロマンから現実まで逆算することに長けているから。なるほど。では、もうちょっと具体的に、どんな「2015年の理想」がその場では語られたんでしょうか。

金井 昔話ですが……社名は伏せますけど「ドイツの某一流メーカーから『極東に、小さいけれど油断ならない自動車会社がある』と思われるようになりたい」「世界最大級の販売台数を誇る会社から『走りの楽しさでは、あそこにはかなわない』と思われるような会社になりたい」、そんな話をしていました。

――前者はドイツの、シュツットガルトじゃなくてミュンヘン、というか、バイエルンの会社ですよね。後者は、あの、愛知県に本拠を置く日本最強の自動車会社。

金井 ご想像にお任せします（笑）。そうなれば、目標はシンプルです。マツダの全ラインアップが世界のベンチマーク、つまりは世界一を目指す、ということです。あそことあそこにそう思われるには、中途半端なクルマではダメ、世界一でないと。

――「アテンザがミドルクラスのベンチマーク」だったのに、今度はマツダの全車種が、ですか。話が急にぐっと大きくなりました。

金井 もうちょっとモノに寄せてお話ししましょうか。アテンザの開発の話でも出ましたけれど、「世界一のクルマ」といっても、大きいのから小さいのまで、車種もセダン、SUVといろいろあります。あらゆる分野で世界一を目指そうとしたら、マツダにはリソースが足りません。かつてトヨタ、日産と張り合おうとして体力を消耗した愚は繰り返せない。

――限られたリソースを効率的に集中したい、というのが金井さんの経験から導かれた、サバイバルの方策だったはずですよね。

金井 はい、だから我々はまず「10年後、どのサイズの、どんなクルマで商売するのか」の枠、戦う土俵を、経営側の責任で設定せねばなりません。

――現場の人間として切望していたことを、経営側として実現できる、そういう立場に立たれたわけですね。実際に「枠」はどう設定されたんですか。

金井 クルマの商品としての枠の一つは、搭載するエンジンのサイズです。最大のエンジンでどのくらい、一番小さなエンジンでどのくらいを持ちますか、ですね。車種も一つの枠です。セダンはやる。SUVももちろんやる。でも商用車は10年後も本気でやっていますか。いや、それはスコープの中から外しましょう。一番背の高いのはどんなクルマですか。小型バスとかは、きっとやりませんよね、というようなことを決めたんです。

最終的な結論とは異なりますが、当時は、一番小さいエンジンは排気量1リットル、一番大きいのはV6の3・7リットルとしました。「15年時点では、この枠の中でしかマツダは商売をしない」と、土俵を決めた。そのあとはゼロベース、「これまでの部品の流用や、製造設備の制約とかをまったく考えずに、理想を追求しよう」と言いました。

セダンは絶対外せない！

――マツダはその後、ミニバンから撤退しますが、このときは？

金井 05年当時は、まだラインアップに残す考えだったと思います。

――混ぜ返すようですが、セダンは当時から市場が縮小し、現在もその傾向が続いています。にもかかわらずマツダの将来の「枠」に、セダンがドンと置かれたのはなぜですか。

金井　一つは、クルマの良しあし、特に運動性能で突き詰めたら、やっぱりミニバンじゃなくてセダンの車型でないと、ということですね。走って楽しくて、ステータスがある会社が、ラインアップに走りのいいセダンを必ず持っているのはそういうことでしょう。

——ブランド名で言えば、メルセデスベンツ、BMW、アウディ、そしてレクサスですか。当時からマツダは、いわゆるジャーマンスリー、ドイツ御三家のようなブランドイメージを意識されていた、という理解でいいんでしょうか。

金井　ずばりじゃないですけど、やっぱり少しぐらいは。ちょっとお値段が高くても、性能というか、「走る気持ちよさ」というところで、しっかりしたステータスを持ったメーカーであるなと認めてほしいと思いましたし、今も思っています。

——なるほど。

金井　さて、次は、どうやって理想を実現、つまり、(各排気量、車形で)世界一になるか、ですね。これまでは各ジャンル、各車種でそれぞれ世界一を目指していた。それでは全然らちがあかない。考え方を逆にして、「まず、全力で『5〜10年後の水準で世界一を狙える技術』を開発し、それを各車種に展開していく」のが、リソースが少ないマツダが取るべき道なのではないか。

――は？　世界一って、セダンならセダン、ＳＵＶならＳＵＶで、それぞれ求められるものが違うんじゃないんですか。

「理想のクルマ」を造って、個別に調整する

金井　クルマの場合、例えば使用するエンジン、車体の大きさ、用途を「枠」として決めれば、その範囲内での「理想のプラットフォーム」「理想のエンジン」「理想の足回り」……といった技術は、形が違ってもほぼ共通しているのです。

なので、極端に表現すると「最初に1台の、理想のクルマを開発する。それを、排気量やサイズ別、車種（セダン、ＳＵＶなど）別にアレンジする」、と言えば、イメージは伝わるでしょうか。「マツダのクルマはこうあるべき」という理想を全体で統一して、それぞれの排気量や車種ごとに調整して造り分けよう、ということです。

――あ、最初にお聞きした「金太郎飴」のお話が、ここでついに出てきました。リッターカーのデミオから中型ＳＵＶのＣＸ‐５やＣＸ‐８まで外観が似ているのは、イメージの統一だけではなくて、「クルマ」としての理型が同じで、中に搭載する技術も揃えて

いるから、ってことでしたね。

金井 そうそう。これによって、開発効率の向上＝費用削減が期待できます。そして「将来使うための理想の技術を、個別車種より先に開発してしまえ」という発想で、先行開発と商品開発を分離すれば、スケジュールが守りやすくなる。それだけではなく、急激に厳しくなってきた安全対策・環境規制に先手を打った対応ができます。

――これは、かつて挑戦して悔いが残ったという、「商品開発」と「先行開発」の混在状態を、切り分けようということですね（80ページ）。

金井 そういうことですね。この場合は、15年時点の「理想」を考えるために必要な、長期的な開発対象を選び抜いて、商品開発とは別に必要な人手を回すことになります。

――でも、商品開発と先行開発の部隊を分けるとなると、増員が必要になりますよね。

金井 そして、簡単に人材は増やせません。現状で先行開発のほうにリソースを回せば、商品開発の現場が悲鳴を上げることは目に見えています。

――そこはどうされるんですか。

金井 ＭＤＩによる商品開発の省力化、短時間化といった改善を期待しつつ、「いったん、市販車の開発ペースを落としてでも、先行開発に人員・時間を割こう」と考えていました。

そもそも、先行開発がリソース不足で予定通りに進まないことが、商品開発のスケジュールを遅らせているわけですからね。

商品開発の部隊は一時的に苦しくなるでしょう。それでも、「理想とするクルマ」の開発のメドが付けば、あとは「微調整して多車種に展開」するのですから、車種を一つひとつ開発するより手間が激減し、バランスが取れる。コストも下がる。

――うーん……逆に言えば、フルラインの車種を個別に研究開発し世界一になる体力は、マツダにはない。だったら理想のモデルを先に全力で開発して、個別車種の差分をあとから考える。差分の開発は、シミュレーションを使って徹底的に省力化する、と。

そんな虫のいいことができるのか？

――でも、理想のクルマを造って個別に調整、って、なんだか話がうますぎるような気が……。

金井　実際、フォードをはじめ、クルマ業界の人にこれを話したときは、だいたい「そんなこと、できるわけがない」と、ほとんど反射的に答えが返ってきましたね。いや、社内もそうだったな（笑）。

――アテンザのところでお尋ねしましたが、そもそも、コストと性能って、基本的には両立しないものですよね。「二兎を追う者は一兎をも得ず」で。

金井 何も考えなければ、その通りです。そして「ダメ」「できない」と反射的に返ってくるということは、その人はまだ「何も考えていない」ということです。

――……。そうだ、金井さんは、フォードの傘下にいながら、アテンザの開発で二兎を追い、成功を収めた実績がある。だったら、「今後は全社挙げてアテンザ流で行きます」と言えば、納得してもらえるのでは。

金井 実は、アテンザの場合は、フォードの支配下に入る前からあった企画が基になっていた。おかげで、かなりの程度、我々がやりたいように造ることが可能だったのです。その他の当時のマツダのクルマは、コストを強く意識し、さらにフォードグループ内での「部品の共用化」を求めるプレッシャーの中で造られたものでした。

――マーク・フィールズ社長のもとで投入された車両群ですね。02年発売の2代目デミオや、03年の初代アクセラ。時期からすれば、金井さんが主査をされた02年のアテンザと同時期だけど、経緯は違ったんですか。

2代目デミオ（2002～07）

金井　例えば、初代のアクセラはフォードグループのボルボや欧州フォードとの共用化を強く求められていました。２代目デミオはフォード・フィエスタとの共用です。

――マツダの技術者にしたらやはり不満でしょうね。自分たちがやりたいようにやりたいですよね。やっぱり、フォードの指示には納得のいかない点も多かったのではないですか。

金井　どうでしょうね（笑）。

――「カーガイ」同士の共感もあったとのことでしたが、フォードは、やはり基本的にはコスト＝共用化の意識が強かった。そういう人々と、どんなふうに議論を。

金井　そうですねえ、ちょうど05年くらい

初代アクセラ(2003～09)

でしょうか、フォードの開発の総元締めである、リチャード・パリー・ジョーンズさんと、「多様性か、共通性か」を巡ってずいぶんやりあった記憶はあります。

――へえ。多様性なら性能、共通性ならコスト、ということですね。

金井 07年に出る3代目デミオの話にからめてだったかな。当時はフォードと、マツダ、同じフォードグループにいるボルボにジャガーも入って、「クルマのサイズ別のプラットフォームを世界共通にする」ことが決定されていました。小さいほうからBセグメント(マツダならデミオ)、Cセグメント(アクセラ)、CDセグメント(アテンザ)、それぞれに全世界で共通コモンプラットフォームを決めて、どの会社がどのセグメントのリードエンジニアリングをやるかというのをばさーっと決めていたんですよ。ところが、それをマツダの中で実行して造ってみると、BカーとCカーとCDカーがそれぞれリードするエンジニアが違うものだから、似て非なるクルマになってしまうわけですよ。どうもこれはおかしいじゃないかと。

——もう少し具体的に教えてください。

スケールメリット信仰に挑む

金井　まず、世界共通じゃ商品競争力が保てない。まして世界一は狙えない。

次に、フォードのやり方で行くと、Bセグ、Cセグ、CDセグ、それぞれの開発が別々の思想を持ったリーダーのもとで進むことになる。そうすると、セグメントごとには世界で共通でも、マツダならマツダ1社の中では共通性が薄くなる。例えて言えば、デミオ、アクセラ、アテンザがそれぞれ全然違う考え方で造られた、まったく別のクルマになるわけです。これもブランドを作っていくときには大きな障害になる。

そして、せめて部品の価格は安くなるかと思ったら、思ったほどでもない。1カ所で大

3代目デミオ（2007～14）

量に造ったとしても、マツダの場合、多くの部品は海を越えて運んでくることになるじゃないですか。市場のニーズに合わせて調整することも多く、そこで新たに開発費用も発生する。思うに、フォード傘下で一番メリットがあったのはボルボでしょうね。欧州にあるメーカーだから、欧州フォードと生産拠点が近く、かなりのコストダウンが可能になったはずです。

——なるほど。

金井　でも、とにかくフォードはスケールメリットを信奉しているわけです。共通性のほうへどんどん引きずり込もうとする。世界中でできる限り同じものを造れ、と。我々はそれに猛反対して、何度もやりあいました。

――どんなふうに？

「あれ、そういえばトヨタはどうやっている？」

金井　「まず商品には、市場での競争力と、コストという評価軸がありますね」と始めたんです。個々の商品の競争力をとんがらそうとしたら、ユニークな、それぞれ最適な部品、システムを作るべきだ。そうすると競争力が高まる。しかしながら、コスト効果で言うと1車種を連続生産するのが一番安い。現在、我々の議論は競争力も大事にしたいし、コストも大事にしたいという、二律背反に見える話をしていますね、と。そして「我々から見れば、フォードさんはあまりにもコストの軸を強調しすぎる」とボールを投げる。フォードは当然「何を言うか」と言い返す。

――まさに二律背反。しかも今回は単位がメーカーだ。

金井　そんな綱引き議論をずーっとやっていたときに、ふと「じゃあ、トヨタはどの辺にいるんだ」みたいな話になってね。「トヨタはどうしているんだ。トヨタは我々よりうまくやっている。少なくともマツダよりはうまいだろう」と。

――パリーさん、言いますね。

金井 うまくやっているということは、彼らはマツダよりもフォードよりもちょっとお利口なんじゃないか。「我々は個性と量産を綱引きで考えているけれど、トヨタはもしかしたら別の切り口を取り込んでいるんじゃないのか」ということです。フォードが共通化を目指し、マツダは多様性が絶対いると言っている。そこで必要なのは、「どこでバランスを取りますか」という話なのか？

――「競争力を失いすぎず、スケールメリットもある程度出るようにしましょう」ということではないんですか？

金井 違う。それは付加価値のない考え方。「少量生産だけど、スケールメリットが享受できる」「多様性があって、しかも大量生産並みのコスト低減を実現する」、いわば「多品種変量生産」がその答えじゃないか、と。

――多品種、変量生産?!

金井 例えば共通のプラットフォームだけれども、何らかの工夫でユニークさを生んでいく、とか、逆に全部ユニークなんだけれども、あたかも共通プラットフォームと同じような効率で造れるとか、両立させることを考えないといけないんじゃないんですか、というようなことを話しました。

——なるほど……まあ、理屈としては成り立つ、のかな？

金井 私もヒントを得ようと、トヨタさんがやっていることをよく勉強しました。そうしましたら、トヨタさんが自覚してそうされていたかどうかは知らないけれども、我々から見たら、例えば大きいクルマも小さいクルマも相似のレイアウト（主要部品の配置）をしている。エンジンルームの大きさが違っても、エンジンの大きさが違っても、ここにエアクリーナーがあって、ここにエンジンがあって、ここにミッションがあって、ここにこういうハーネスが通っていて、バッテリーがどこに積んであって、ほとんど一緒にしているじゃないかと。完全ではなかったですけどね。これに比べたら我々がやっているのは、ばらばらじゃないかと。バッテリーが後ろにあったり、前に積んでいたり。

——ああ。「会社全体の開発を見て考えていない」証拠ですね。

金井 エアダクトの取り回しが全然違っていたりね。で、「こういうところを学べば、多様性を保ちつつ、コストは上げずに済むのではないか」という議論をフォードとやりました。「マツダの造り方だったら、もう少し種類を増やしても効率を、フォードよりは……」と怒られるけれど、もっとアジャイル（俊敏）に、要領よく、多品種少量だけれどもそんなに高くしない造り方が、フォードよりは優れていると思いますよ、とかね。

――そうパリーさんに言ったんですか。

金井 それはまあ、彼らも認めますよ。多品種なのにそんなにむちゃくちゃ高くない、そういう軽快な、スリムな造り方は、マツダのほうがフォードよりは上だね、と。ただね、彼らの頭の中には「片や年間5万台のユニットと、片や年間100万台のユニットがあったら、それは100万台のユニットのほうが相当コストは下がるよね」という考え方があり、事実、市場と工場の距離が近い欧州ではそれが成立しているわけですから、なかなか。

――あちらにはあちらの成功体験があって。

金井 でも、マツダはそんなに大きな台数を、1プログラム、1商品でどかんとやるような会社ではない。例えば15年になったときに会社の規模が5倍、10倍になっていれば別だけど、そんなことはあり得ない。そうすると、やっぱり我々は、「世界一」で生き残るのなら、多品種だけれども少品種大量生産と同じような効率で造ることができるような技を編み出さないといけませんね、と。フォードとの対話を通して、マツダの立ち位置も明確になっていったわけですよ。

——なるほど。

金井　ご存じかもしれませんが、自動車工場はだいたい年間20万台規模の生産能力が一つの基準です。年間を通して同じ車種を20万台造り続けることができれば、効率は最高ですが、なかなかそんなクルマはありません。単一の車種しか造れないと、そのクルマの売れ行きが鈍ったとたんに生産効率ががた落ちになる。これを嫌って生産を落とさないままやっていると、在庫の山になって、値引きして売るしかなくなる。

——それって、「マツダ地獄」が発生した理由の一つですね。ヒット車を集中生産してブームが過ぎて、安売りに頼って、そうすると下取り値が下がって、マツダのディーラーに持っていくしかなくなって、もうマツダ車しか買えないという。

パワートレーンの生産部門が先鞭をつけていた

金井　……で、考えてみればマツダは、1つの工場でフル生産するほど量が売れる車種がほとんどないメーカーだったので、昔から混流生産（異なる車種を1つの生産ライン上に流すこと）を得意としてきました。とはいえ、対応できる幅にも限界がある。範囲を超えて別のクルマを造れるようにするには、大変なコストと時間を掛けて、ラインを手直しすることになります。

ところが、当時、パワートレーンの生産部門の人たちは、混流生産をさらに進める「フレキシブル生産」に取り組んでいました。直列4気筒とV型6気筒という、全然違う形式のエンジンを同じラインで加工し組み立てる、世界の誰もやってないことを企画していたんです。「すごい。こういうやり方をクルマ全体に展開できないだろうか」と思いました。

――エンジンができたから、クルマもできる、というのは、どうなんでしょう。

金井 普通は造るクルマごとの差異が多すぎて無理ですが、今回は、車種ごとに別々に開発するのをやめ、理想を決めてから展開するので、どのクルマも相似形です。ということは、車種が変わっても組み立ての手順を変えないようにできるはずです。最初から開発と生産が手を握れば、フレキシブル生産で造れる範囲を、エンジンからさらに広げられるんじゃないか。そんなふうに構想が広がっていく。

――「モノ造り革新」は、フォードやトヨタのやり方やエンジンの生産方法も苗床になっていた。ちなみに3代目デミオの開発を通しての議論は、何か実を結びましたか?

金井 いや、議論はしましたが、深い話で納得し合ったわけではないです。いってみれば

「開発の工数を誰が負担するか」で決着してしまいました。フォードはちょっと、開発を工数で見てしまうきらいがありますね。「オーストラリアフォードで技術者が900人空いているぞ、彼らにも仕事をさせろ」とか。とにかく人を、工場を遊ばせたくない。

――うーん、とはいえ、理屈はすごくシンプルで分かりやすい。とにもかくにもフォードの考え方は、「コスト最優先、そのためには共通化」だったわけですね。

フォードも正しい、マツダも正しい

金井　その目的は最終製品が「アフォーダブル」、お手ごろであること、です。ですから商品性目標の多くは「among the leader（アマング・ザ・リーダー）」。二流では困るが、一流といわれるグループに入っていればよし。世界一なんて言うと、マツダの技術者はすぐに高くつくクルマを造るからね（笑）。それゆえ、同じ部品をとにかくたくさん使って、コストを下げることに熱心です。世界屈指の大量生産・販売メーカーとして、まったく正しい考え方だと思います。

――そこの割り切りがあるからこそ「世界で同じモノを」とごりごり言える。

金井　ただ、これはフォードの規模があるから成り立つ考え方です。中規模のマツダに必要だと私が考えていたクルマは「Best In Class（ベスト・イン・クラス）」。最高で超一流、つまり世界一。最低でも一流、アマング・ザ・リーダー。たまたまですが、言葉の上ではフォードの「目標」が、マツダの最低ラインになっているわけです。

両社の目指すところには距離がある。フォードの戦略に完全に乗ってしまうのは、規模のメリットが出たとしても、世界一をやりたい立場からは、やっぱり物足りない。突き詰めると、言い方は悪いですが、マツダはフォード向けに技術開発や部品製造をするための会社になりかねない。

――フォードからの開発受託は当時のマツダにとって大きな収益源だったと聞きます。

金井　でも、それだけでいいのか。そんなはずはないだろう。我々が我々らしく生き残るためには、ベスト・イン・クラスのクルマを造るしかないはずだ。

マツダの社員の多くはそう思っていたはずで、私ももちろんその一人。でも、それで本当に、コストも含めた企業間競争で勝てるのか。あるとしたらどんな方法か、と、「ロマンとソロバン」のはざまで、さんざん葛藤しまして、これまでお話したような経緯を踏まえて出てきたのが、「モノ造り革新」となるプランだったわけです。

Column

公開！　二律背反の乗り越え方

――ここまで何度か「二律背反」という言葉が出てきました。仕事には確かにそういう、両立しづらい要求に直面する局面が多々あります。

金井　そして、両方のバランス取りをしてしまう。それは付加価値のないことです。いやしくも技術者ならば、それを「仕事」と考えてはいけない、と思います。

――確かにそうかもしれませんが、そもそも「二律背反」なわけですよね。それを乗り越えろというのは、かなり無茶な要求じゃないでしょうか。私を部下だと思って、どういうふうに言って聞かせるのか、教えていただけませんか。

金井　一つは、例の「大きな課題は分割する」考え方です。性能とコストの場合なら、「今よりもコストをかけずにもっと性能よくできるかい」。あるいは「性能を変えずもっとコストを下げることができるかい」。どっちでもいいわけです。

――あれ。聞き方が変わるだけで、問いが急に簡単になったような気が。

金井　アイデアが出たら、「コストはすごくよくなった。次は、性能をもうちょっと上げられるかい」と。その議論を繰り返していけばいい。「芋虫改革」的なやり方です。改善量が小さくても100回積み上げれば、相当いいものになる。もう一つの例を言いましょう。ある人は「商品の種類を減らせ」と言う。ある人は「もっと増やさないと販売機会が失われる」と言う。

――ありそうな話です。

金井 で、「減らせ」という人の提案が商品を5種類にすることで、増やせ、という人の提案が20種類だとしたら、「じゃあ、10種類に」となりがちでしょう？

――なりそうです。

金井 でもそうなったら、何も進歩はない。これは目的を無視して数のバランスに飛びついているからです。

――目的？ 5種類、10種類という数を決めることが目的じゃないんですか。

金井 GVE（90ページ）の外挿の図を思い出してください。片方が5種類にしたいというのはなぜかといったら、投資を下げたいからでしょう。20種類にしたいのはなぜかといったら、もっと多くのお客さんにアプローチしたいためでしょう。そうなると、「じゃあ、投資を減らせれば、数は増やしてもいいのか？」という発想の切り口ができる。「まず、種類を維持して投資が減るアイデアを考えましょうか。そうなると在庫管理かな。いやいや待てよ、種類を増やさないで、顧客カバレッジを広げるアイデアがあれば、それでもいいですよね」と。

――あれ、これだけでどんづまりの状態が一気に緩んだような。

金井 可能な解決策のコンビネーションを考えていくと「ありゃ、種類を減らした上にカバレッジまで増えちゃった」という解が出てくるかもしれないでしょう。

本当は種類を増やすか減らすかの議論じゃなくて、一つ上の目的があるわけです。お互いに。じゃ、カバレッジを広げつつ、投資を下げるためにどうすればいいか、といった課題設定になる。種類数は、増減どっちでもいい変数に過ぎない。

――数だけに注目していると、ただの綱引きになるわけですね。

金井 そう。お互いに一つ上位の目的を意識しながら、ブレークスルーするアイデアはないかというのをほどいてあげれば、何となく「それなら……」というアイデアが出てきそうになるじゃない。

――つまり「個数」「比率」という数字が論点になった、と思ったときは……。

金井 参加者全員が綱引きの話だと思い込んでいる。罠にはまっているんですよ。

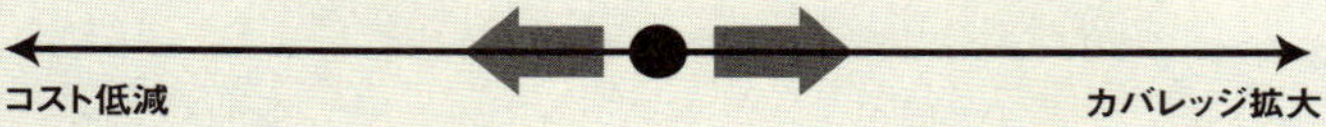

綱引きの罠にはまらないために、この図を覚えておくといいですよ。はい、まず、上が最初の状態です。

――コストを採るか、カバレッジか、まさに綱引きですね。

金井 そう。で、これって、左右に分かれている「コスト」と「カバレッジ」を、縦軸と横軸に移すと、左下の図になります。ね、こう見せても同じことでしょう。

――斜めの線になりました。

金井 この場合、綱引きをするということは、この斜線上を動くということですね。

――なるほど。そうなりますね。

同じことを言っている。

金井 そこで、斜線上を動いているだけだと気付いたら、こんなふうに意識を変えるわけです（次ページ）。

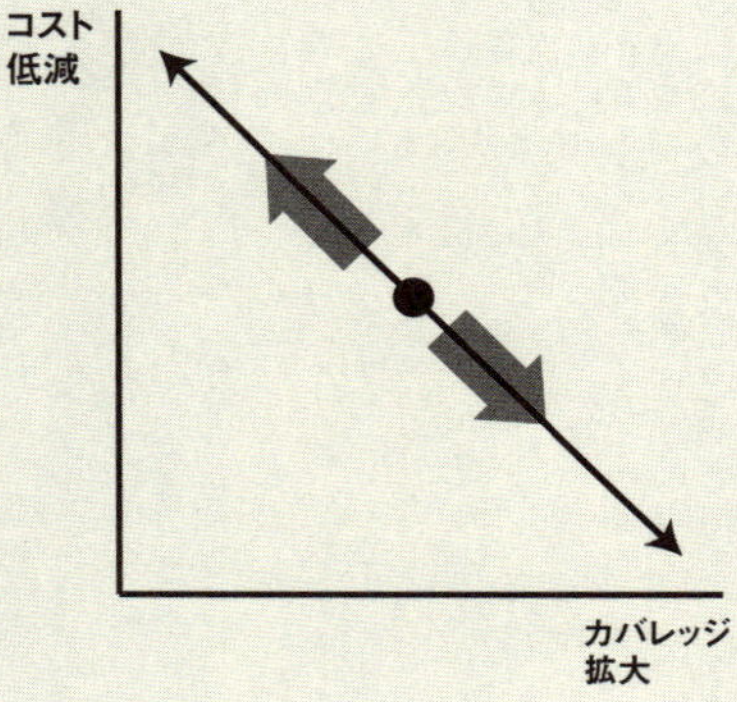

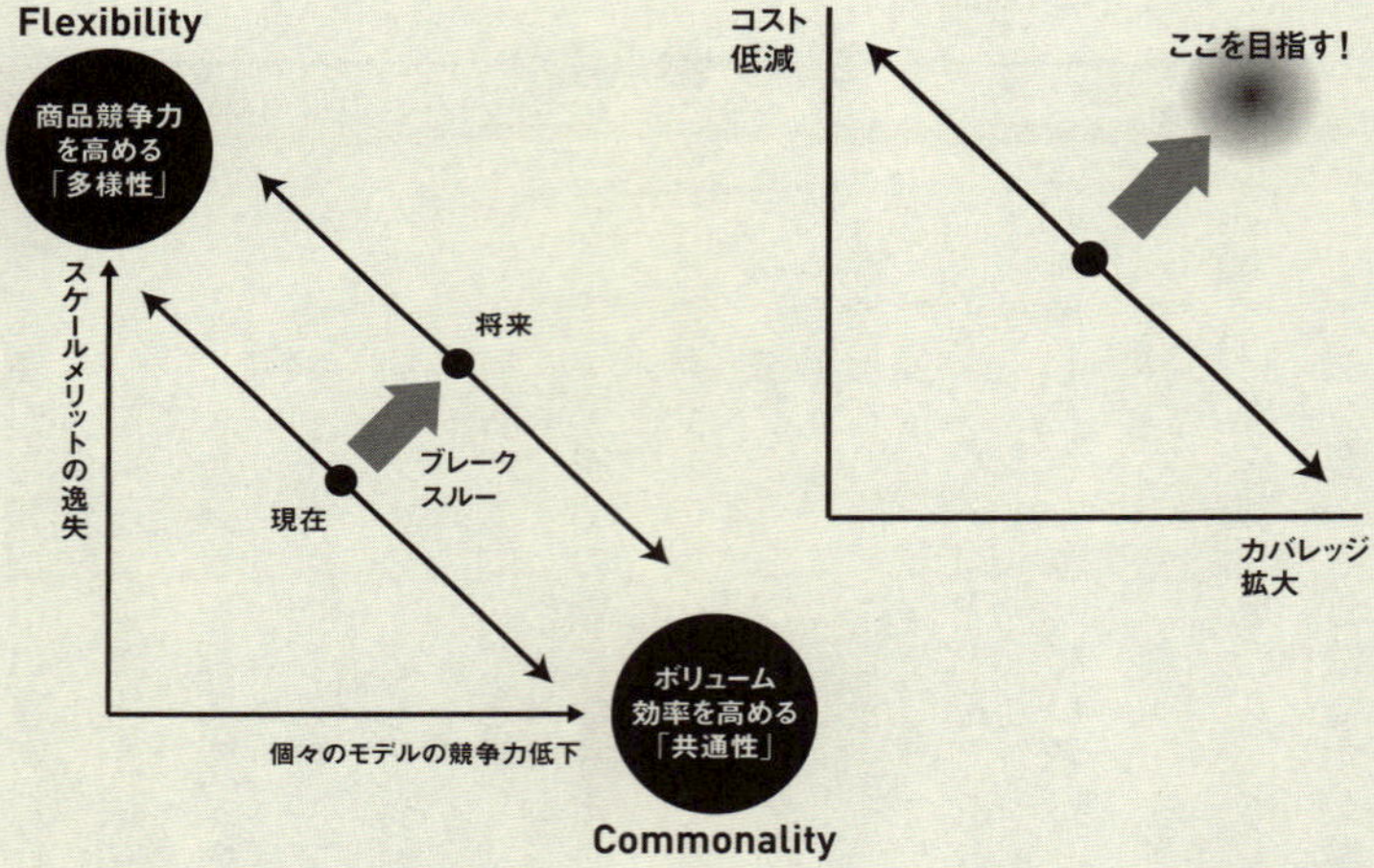

――うわっ、そう来るか！

……確かに、「コストも性能もどっちも上げる手はないのか」と、考える導きにはなりますね。

金井　左上は「モノ造り革新」のときに作った図です。多様性も共通性も高いレベルで実現しよう。二律背反に負けるな、と。

技術者なら、付加価値のある「仕事」をしたい人なら、この図での〝右上〟を目指すべきなんですよ。迷ったらこの図を思い出してください。で、右上を狙う。それこそが本物の仕事です。

Chapter

7

「理想のエンジン」に火は付くか?

「金井さん、何を言っているのかわかりません」

「モノ造り革新」は、2005年から始まったマツダの長期ビジョン策定の中で、金井氏とそのチーム（CFT6）が考えた、今までの業務プロセスをすべて取り換える大胆なプランが母体になっている。こういう「仕事のやり方を変える」試みは、理解が難しいもの。まして人間には、今までやってきたことを変えたくない、変えることを怖いと感じる「現状維持バイアス」がある。社内がモノ造り革新に乗り出すためには起爆剤が必要。その役目を負うのは、世界最高の内燃機関を目指す、「SKYACTIV（スカイアクティブ）」エンジンの開発だった。しかし、ハイブリッド車が主流になるとみられる中、エンジンへの注力は社内にすら疑問の声が多かった。

金井　ここらで一度要約しておきますか。

――お願いします。

金井　まず、「世界一の性能を狙いながら、開発コストを減らす」ことを狙う。これが後に「コモンアーキテクチャー」になります。そして「多種変量生産を行いながら、少品種大量生産に負けない効率を実現する」ことを狙う。これが「フレキシブル生産」。

コモンアーキテクチャーと、フレキシブル生産を実現する前提として、今後10年間にどんなクルマを造っていくかの枠を先に考える必要がある。これが「一括企画」。これらはすべて、10年後でも競合に負けないだけの先進性がある「技術革新」を行うことが大前提になっています。総称としての、マツダの業務プロセス全体の変革が「モノ造り革新」、ということになります。

――業務プロセスの変革がモノ造り革新なんですね。マツダの変身は、「スカイアクティブ」技術と「魂動《こどう》」デザインが両輪だ、とよく語られます。でもそれは「モノ造り革新」の賜物であって、そのものではない。「モノ造り革新」とは、新技術や新デザインの前に、開発と生産でそれぞれの「二律背反」を超える、つまり、金井さんがいうところの「付加価値のあるアイデア」を生むことができるように「業務プロセス」を改革することを指す。

金井　そういうことです。仕事のやり方、進め方、考え方を変えなければ出てくるクルマも変わらない。生き残りをかけたビジョンの実現も絶対に無理、というのがＣＦＴ６の結論でした。

――「一括企画」は、その「二律背反を超えるアイデアを考えるための枠」みたいなものですね。

金井　一定の枠がないと、現実味のあるアイデアを考えることができませんからね。

――で、この「モノ造り革新」の提案を06年の経営会議で議題に上げてもらって承認を得た、と。でもこれをやると、クルマのラインアップは一新、工場の生産体制も一新、開発体制も一新、ですよね。

金井　はい。

――「モノ造り革新」が始まって、現場から「今のやり方でうまく回っているのに、なんで全取っ換えしようとするんですか」と反発は出ませんでしたか。そもそも「これでうまくいく」と、信じてもらうことすら大変そうです。

金井　そうですね。理想を掲げるのはいいのですが、それを共有するのは簡単ではない。社内で、私に向かって真っ向から「それは間違っている」という人はいなかったと思いますが、実のところ一番多かったのは、「金井さん、何を言っているのかわかりません」という反応でした(笑)。

――そう思う気持ちはよく分かります(笑)。

金井 まあ、こんな大風呂敷は見るのも聞くのも初めてなので、向かう方向として正しいのか、本当に実現できるのか、直感的に理解できないわけです。

――そこでどうされたんですか。

金井 まずは技術者のロマンというか、「世界一のものを造りたい」という内心の渇望へ訴えかけました。

おそらくこれまでも、「世界のベンチマークたる」理想を追求した製品を造りたいという思いは、ほとんどのマツダの社員の中にあったと思うんです。それがスポーツカーだったり、セダン、SUVだったり、具体的にはいろいろな方向だったとしてもね。ところが、「世界一になろうよ」という訴えだけではなかなか難しい。一つは、マツダは復調中とは言え、手ひどい失敗を繰り返したことで、社員たちが自信を持てなくなっていた。

――挑戦的にやってきて大失敗して、フォードの傘下入りですから無理もないですよね。でも、アテンザで取り入れた「ベンチマークの徹底」という方法論があるじゃないですか。

弱者でも誇りは高くあれ

金井　これは「私は、金井さんのベンチマークというやり方は間違っていると思います」と、藤原（清志氏、現副社長）に噛みつかれた一因でもあるんだけど、参加する人の志が低いベンチマークは、どうかすると「他社にある機能がなぜウチにはないんだ」と、上司が部下を詰問するための道具にされるんです。叱られた技術者は慌ててその機能を入れる。だけど、後発だから目立たないし、チャレンジのしがいもない。こうなると、世界一を狙うどころか「いいところ取り既存ベンチマークの寄せ集め」のクルマになってしまう。

――本来の狙いとまるで逆ではないですか。

金井　ベンチマークは道具です。志を持って使うものであって、志を作り出すものではない。

――では、どうすればベンチマークは正しく使えるんですか。

金井　誇りを持って仕事をすることでしょう。

――誇り。もうちょっと噛み砕くとしたら、どんな気持ちのことなのでしょうか。

金井　誇りを持つとは、逆に言えば「負け犬根性」があってはいけないということです。

「自分は負けている」と認めるのはいいんですよ。認めてもいいが、性根まで「しょせん俺たちは二流だ」と染みつけちゃいけない。何くそと思わないといけない。どうせ二流なんだからというふうに思うのは、これは、まったく誇りを持っていないということです。「今に見ちょれ」という気持ちを持つことが、誇りじゃないかと僕は思うんだけど。

――なるほど……。

金井 なので、弱者だからといって誇りを持てないわけじゃない。「いつまでもこのままでいる気はないぞ」という気持ちがあれば、誇りは持てる。今は、みじめであるかもしれない。だけど、それをネガティブな意味で認めるんじゃなくて、これから克服していくぞ、というつもりで認める。この気持ちがあるとないとで、仕事への向き合い方が全然違うと思いませんか? 「どうせ俺たちは」という負け犬根性を払拭しないと、理想を語ることはできない。それでも当時のマツダはどん底の時期よりはずいぶんマシになっていたとは思いますが。

そしてもう一つ、「理想を語れ」と言ってもなかなか大胆な発想が出てこなかった、より根源的な背景は、本当に自分の理想のクルマを追求したいなら、クルマのすべてが一度に、全体で変わらないと無理なんです。

――例えば「走りをベストにしたい」と思ってサスペンションだけ作り込んでも、エンジンが、ボディーが劣っていたらダメ、とか。

「最初っから、正しいことしかやらないぞ」

金井　いや、それよりももっと基本的な話です。クルマのプラットフォーム（72ページ）やレイアウト（エンジンなど主要部品の位置などの基本構想）といった、ベースの部分が最適になっていなかったら、そのクルマは総合力ではたいしたものにはならない。

プラットフォームの開発は大変なコストと手間が掛かるので、一度決めたら10年は使う。どうってことないプラットフォームの上で、一部の人間が自分の担当部署だけ頑張っても、なかなか結果につながりません。

昔からみんなもがいていたんですよ。「プラットフォームから、レイアウトから、最初の最初から全部、考えておきたい」と。でも、従来のモデルから引き継がねばならない基本的な部品や、生産上変えられない制約条件などがあって、「このクルマのためだけに特殊なことをしてほしい」とは言えないんですね。

――で、不満なところからスタートして、またまた妥協が残る。

金井 だから「どうせ」という負け犬根性が抜けない。「今回は全部制約を取っ払っていい。既存の車種とか部品とか生産とか、そういうのをみな忘れて、自分が考える理想のシステムと、それが載るクルマの姿をそれぞれ出せ。それを基盤にして、この先10年間のクルマを造るんだ」と、最初っから正しいことしかやらないオールニューですよ、と訴えた。

といっても、それぞれのクルマを一括で考えることで、開発の手間を大幅に減らして、開発費も生産コストも低減します。だから思い切って、みんなの知恵を今から出してください。そんな言い方でしたかね。

――根っこからの「正しいオールニュー」を、全社挙げてやるんだぞ、と。これは皆さん燃えたでしょうね。

金井 いや、そうはいかない。

――そうはいかない？

金井 最初に、モノ造りをやっている人間はみんなどこかのチームに入ってもらって、全部のチームに生産技術と、場合によっちゃ工場の人間と、技術者。それから、重要なユニットだったらサプライヤーさんも入って一緒にやってもらった。たしか40くらいのチームがあって、エンジン、サスペンションからワイパー、ガラスまで、部品別に「みんな、自分の理想を出せ！」と迫った……のですが、なかなか「へえ、すごいね」と驚くようなのは出てきません。これまでの仕事でやった範囲、自分の常識から外れてくれない。

――「好きにやれ」と言われても、「喜び勇んで理想を追求」とはならないんですね。

好きにやれ、と言われても自己規制は手ごわい

金井　気持ちに染みついた「今までの制約を取っ払う」というのは本当に難しい。思うに、制約というのは、言い換えると「これまでやっていた仕事」の範囲なんですよ。今回はサイズとエンジンの排気量の「枠」だけ設定して、その中に入るなら何を考えてもいい、とやったけれど、例えば、「こういう設計をしたら、マツダの従来の工程に入らない」と、自己規制してしまう。つまり「制約を知っている」のが技術力だという、ある種の勘違いがあるんですね。それはまさに私が「取っ払え」と言っていること、そのものなんだけれどね。

経験を積んでいると、突き抜けることが難しくなる。結果として、「従来の枠の中で頑

張ってみました」という企画ばかり出てくる。実現の可能性は高いけれど、世界一を狙うにはいかにも力不足な。

――会社員としては、そういう手堅い案を出す気持ちもすごく分かります。なぜそうなるかと言うと、自分の中で理想を突き詰めたことがないからかもしれません。

金井 そうですか。

――例えば、自分の仕事が世界のベンチマークたり得るか、と、考えたことがあるだろうか。自己ベストを出すことは考えたとしても、世界の競合相手と比較して優劣を考えたことがあるか。まして、世界一を目指すんだ、と考えても「俺たちごときが」と、つい負け犬が吼え始める。

金井 普通の仕事は「コストと納期を考えて、破綻のない仕事をせよ」ですからね。それはそれで必要だし、とても重要です。けれど、今回ばかりはそれでは困るわけです。なので、まずマネジメントが明確に「制約なしでいい」「理想論でいい」と求めた。

――そこまでやってもなかなか動かなかった。

金井 これはやっぱり、具体的な全体像が見えないからです。金井さん、なんだか鼻息が荒いぞ、あれってもしかして本気なのかな、くらいは伝わっていたのかもしれないけど、

させて、理想を言えというけれど、それを全部組み合わせたら何になるの。どんなクルマなの、どうやって生産するの、となるとさっぱりイメージが湧かない。だから「金井さんが何を言っているのか理解できない」という反応が大変多かったんです。

——今、現実になった第6世代のラインアップを目の前にすればともかく、まだ実物は影も形もないんですからね。

まずはエンジンから点火しよう！

金井　「分かってもらえないな。まず、のみ込みがいい連中と具体例を作らないと」と思いました。理屈で理解してもらえないならば、実例を示すしかないですよ。それを前にして「こういう考え方がコモンアーキテクチャーなんだ。そして、それを実際に作るのがフレキシブル生産、両方を実現するために、この先10年分の商品の枠をあらかじめ考えておくのが一括企画なんだよ」と言えば、理解もしやすいでしょう。先行事例が必要なんです。

そういう意味では、社内が「モノ造り革新」に本気で動き出すかどうか、そして、それで造ったクルマが市場で評価されるかどうかの、最初にして最大の関門がエンジンでした。

エンジンはクルマの魅力のコアであり、運動性能、そして燃費、環境性能がここで決まります。ちなみに、燃費のいいクルマは環境性能もいい、と考えてもほぼ大丈夫です。この当時、うちのクルマの弱点は……まあ、たくさんあるんですけれど（笑）、一つジャンプアップしてほしいのはエンジンだな、と、ずっと思っていました。それで05年くらいから、パワートレーン（エンジン、ミッションなど動力関連のシステムのこと、ＰＴ）の部門に「なんとかしようよ」と相談はしていたんです。

――運動性能で、環境性能で世界一を目指すなら、エンジンの飛躍的な進歩が必要だと。でも、当時はトヨタのハイブリッド（ＨＶ）車、２代目プリウス（03年発売）が大ヒットして、「環境対応はＨＶで決まり、もう内燃機関はお呼びじゃない」という雰囲気でした。

金井 マツダの10年後に、ＨＶ対応をどうするか、これは大きな設問でした。当然「うちもやらなくていいのか」という声が強くありました。でも我々の結論は「リソースをＨＶに割くより、従来型エンジンの性能と燃費と環境性能を高めよう」ということに。

――売れ筋のＨＶを目標に置かない。なぜでしょう。

金井 今さらトヨタさんをあと追いしても、とても追いつけるとは思えないこと。そして、内燃機関を積むクルマのほうが、世の中に圧倒的に多いことが理由です。マツダが、ワクワクする走りと環境性能で世界一を目指し、ビジネスをするなら、出遅れたHVではなく、内燃機関の性能を極限まで引き上げるしかないだろう、と。

——HVはホンダが09年に「インサイト（2代目）」を出して応戦しますが、プリウスに完敗します。トヨタは11年にプリウスより小さなHV「アクア」を投入してこちらも大ベストセラーに。今振り返れば、マツダがHVに独自参入しても勝ち目は薄かった。

金井　ええ。数年間でトヨタさんのHVをキャッチアップできるわけがない。ものすごく勉強しないといけないし、開発時間もコストもかかる。そんな余裕はない。だから、ちょっと様子を見ようと。もし万一、「どうしてもHVがいる」となったときには提携を考えよう、と、腹の底では決めていた。「売れているからやるべき」というべき論で考えず、自社のリソースを冷静に眺めれば、この決断は必然だったと思います。

——その後、実際にHVで提携（13年発売の3代目「アクセラ」にトヨタのHV用ユニットを搭載）したことが、マツダとトヨタの業務提携、株式持ち合いにつながっていきました。さて、05年に話を戻すと、このときは何をやったんでしょう。

金井　まずPT部門に「我々は02年からZoom-Zoomで、ワクワクする走りを売り物にしているけれど、どうもうちのエンジンってこのワクワクが足りないんじゃない？」

と。責任者だった羽山信宏さん（当時は常務執行役員）に「エンジンも世界一、やろうよ。先頭に立ってＺｏｏｍ-Ｚｏｏｍしてちょうだいよ」ってけしかけて。

当時のマツダはエンジンをフォードグループに大量に供給してまして、もちろん良いエンジンなのですけれど、「素うどん」と言いますか、実用本位でした。乗ったら腰を抜かすようなものではなかったのは確かです。「モノ造り革新」で、ＰＴ部門は特によそよりも大きくジャンプして、世界一と胸を張れる、腰を抜かすようなエンジンに挑んでほしい、と。羽山さんも「そうだそうだ、やろう」と部下をけしかけた。

当時はエンジンの方式も、ショートスカートだったり、ロングスカートだったり、ロングストロークだったり、ショートストロークだったりと、そのエンジンごとにコンセプトがまったく違っていたんですよ。平たく言えば、燃料の燃やし方がそれぞれ違う。「燃焼コンセプト」というのですが、それがガソリンエンジンだけで5つありました。

――マツダの、1970～80年代のバラバラなクルマ造りの話と似ていますね。

金井　そうそう。技術者がそれぞれのこだわりで作っていて、全体を統一する目標がなかった。そうなると、開発するにも改良するにも別々に開発が必要です。だけど、同じ考え方で燃焼させるエンジンなら、サイズが違っても理論や実験結果が水平展開しやすい。究極のエンジンを開発して、排気量が違っても、燃焼コンセプトは同じ、理論的に共通、となるように工夫しようと。

――エンジンの「ベンチマーク」はどこに置いたのですか？

やっぱり目標はＢＭＷだよね

金井　エンジニアたちに、当時、「世界一のエンジンはどこのだ」と聞いたら、やっぱりドイツのＢＭＷだと言うんですね。調べてみると、彼らは一つ新技術を開発したら、短い時間で着実にすべてのエンジンに全部展開している。これは設計の「考え方」がある程度以上共通していなければできない、つまり、一括企画でやろうとしていることに近い。非常に合理的なやり方で、世界に冠たるエンジンを作っていた。

なので、「よし、これを目指そう。我が社もこれになろう」というか、最初は「なりたいね、なれたらいいね」なんですけど。私の趣味もあって、ＢＭＷの歴史もだいぶ深掘りしてみたんですよ。あんなふうなブランドになりたいなという思いもあったし。そのときに思ったのは、この会社をここまで引っ張ってきたのは、やっぱりエンジンだなと。

――BMWのスローガン、「Freude am Fahren」。日本語で言う〝駆け抜ける喜び〟は、エンジンの力が大きく効いている。

金井 我々も、「やっぱりマツダのZoom-Zoomなエンジンというのは走って気持ちいいですよね」と思わせたい。絶対的なパワーもあるけれど、たとえ小さい排気量でも「ええっ、これで2リッターなの？　気持ちいいな、よく走るな」と思わせることができればと。自分ではすごく楽しんで走った。そしてスタンドでガソリンを入れてみたら「えっ、たったこれだけで済むの？」という驚きが待っている。ね。

――なるほど。走りが楽しくて、燃費という副次的な喜びもある。

金井 そうです。だから、燃費が悪くていいとは言わないけれど、燃費だけがいい、走りがつまらないクルマは、マツダは造らない。これでいこう。「従来のエンジンとの共通性とか、コストとか、生産効率とかはとりあえず忘れていい。エンジン部門が〝理想〟と考える設計案を持ってきてくれ」と。

――着火した。目指せBMW。それで、どんなエンジンのプランが出てきたんですか。

金井 それがやっぱり、最初は……しょうもないのが出てくるんですね。

――そ、そうですか。

「この程度が君たちの本当の理想なのか？」

金井　よそのいいとこ取りをしたやつ。「こんなものならできますが」みたいな腰の引けたプラン。それを見たときには思わずカッとして「これは量産を始めてしばらくしたら、もう〝並み〟のエンジンじゃないの？　本当に、君たちがエンジニアとして、『我々の理想のエンジンです』と胸を張れる設計が、これなの？」と言って、即座に突き返しました。

――期待したほど本気で跳んでくれなかった。

金井　でも、その時は顔がひきつった担当者が、半月ほどして「実はＰＴの先行開発グループでこういうエンジンを研究しています。が、本当にモノになるか、確証はありません」と、おずおず提出してきたプランが、現在の「スカイアクティブ－Ｇ」につながる、かつてないほど圧縮比の高いガソリンエンジンでした。成功すれば、走りも、燃費も世界一。

エンジンの開発部門に１５００人の社員がいる中、わずか30人で先行開発を担当していた人見（光夫・現シニアイノベーションフェロー）が、こつこつやっていた技術で、彼はとっくの昔に、欧州メーカーが推していたタイプのエンジン、ダウンサイジングターボを研究しつくして「これではない」と結論を出し、別の道を探っていたんです。とはいえ、当時の私は彼のことをまだ知りませんでした。マツダの表舞台に浮上して、メディアにも取り上げられるのはもうちょっと先のことです。

――人見さん、NHKの「ザ・プロフェッショナル」の主役になりましたからね(15年1月12日放映「振り切る先に、未来がある　自動車エンジン開発者　人見光夫」)。ともあれ、そこからエンジンの最初の突破口が見えたんですね。

金井　CFT6にいた藤原(清志氏、当時は商品企画ビジネス本部長)が、「もしこのエンジンの開発が成功すれば、間違いなく世界一を目指せる。しかし、本当にゼロから新規開発していいんですか?」と聞いてきました。

彼は商品企画の人間で、クルマのレイアウトも見ている。だから、「このエンジンを積むとしたら、搭載位置も排気系の形も大きく変わり、タイヤも前に動かす必要がある。ということはクルマをプラットフォームからまるごとやりなおさねばならない。例えば、衝突対策もゼロから作り直しですよ」と、えらいことになると分かるわけです。まあ、僕に覚悟を聞いてきたんでしょう。こっちは望むところですから、「おお、大変だよなあ。だけどそれこそ挑戦しがいがあるじゃないか。すぐ、衝突対策の開発も始めんとな」と。

――第一関門のエンジンが動き出したら、それを積むためにはやはりクルマ全体を変えないと成立しない、という話になった。

金井　一方で、企画設計チームから早くから出ていた改革案として、「お客さんがちゃんとハンドルの真ん中に座れるようにしたい」というのがありました。運転席に座ったとき、意識して見てみると分かりますが、意外に「ドライバーの中心」と「ハンドルの中心」は合っていないんです。たとえば右ハンドル車だとちょっとハンドルが左に寄っています。脚も左右対称に開けません。なぜかというと、アクセルペダルが本来あるべき位置よりも左に置いてあるからです。なぜ左に寄せるかというと、置きたい場所には右の前輪があるから。

——あ、なるほど。

金井　「だったらこの際、タイヤの位置を前に出したデザインにしたい」という提案が藤原に寄せられる。すると車両設計部からは、「それならアクセルも上からぶら下げるんじゃなくて、床から生えるオルガン式にして、微妙なコントロールをやりやすくしよう」と声があがる。デザインチームからは「タイヤを前に出す？　それに合わせてAピラー（クルマの前の窓を支える「柱」）も前に出すと前方視界が悪くなるぞ。ピラーは後ろに引きたい」「じゃあ、ドアミラーの付け方を変えないと死角が増える。なんとかしないと」と

◉ドライビングポジションイメージ図（AT車）

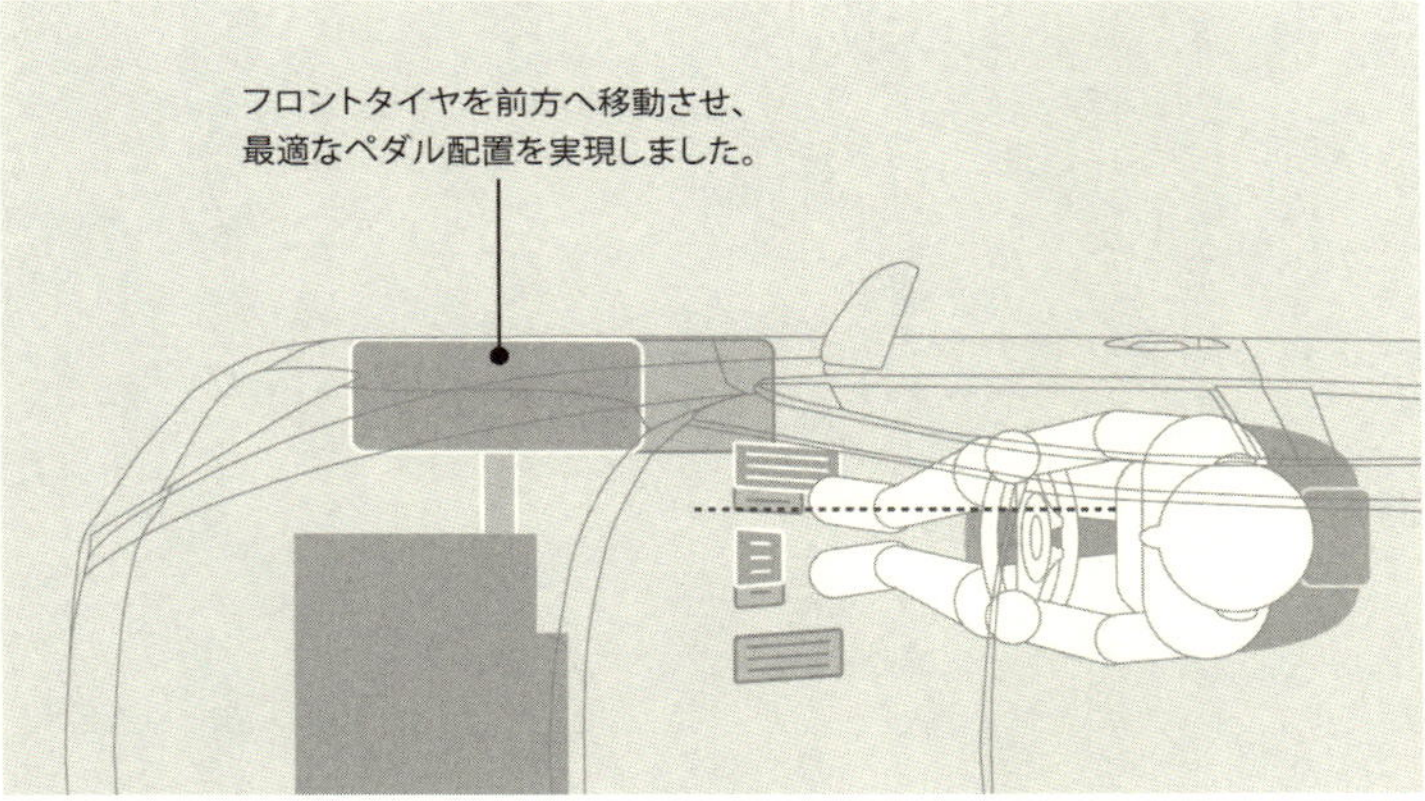
フロントタイヤを前方へ移動させ、
最適なペダル配置を実現しました。

マツダが提案している理想のドライビングポジション（提供：マツダ）

いう意見が出てくる。

それらの要望をまとめて、エクステリア（外観）デザインに「こういう要求を入れて、かっこいいクルマにしてほしい」と頼む。デザイン的には、タイヤが前に出るというのは見た目が俊敏そうになって、ウェルカムなんです。

――理想の一端が具体的に見えてきて、それを示されることで「ああ、そういうことか」と、理解が進み、どんどん触発されて「我も我も」とプランが出てくる。

金井　そして、そういう根本的な部分にかかる理想はどれも「最初の最初」に提案して、入れておかないとできないことなんです。タイヤの位置なんて特にそうです。基本レイアウトそのものだから、いくら嘆いてもあとからは直せません。「今のうちに、やりたかったことを、全部やれ、バスに乗り遅れるな！」と。これこそ「必要なことは先に考える」、究極のＰＤマネジメントですね（笑）。

——おお（ちょっと感動している）。

10年後だと思ったら、あと5年だった！

金井　……時間が経っているので、美化しているかもしれませんから話半分に聞いてくださいね。まあ、こんなやり取りを繰り返してようやく「金井はどうやら本気なんだな、本当に全部白紙で考えても大丈夫なんだな」と、開発部署の気持ちに火が付きました、かね。で、私もズルいので、十分に火が回ったところを見計らって「経営会議で承認されたように、15年にマツダがかくありたい姿になるよう頑張ろう。ついては、11年あたりから、一括企画による新型車が出てこないといけないね。だってなんぼなんでも、15年に全部の新車を一度に出すわけにはいかないだろう？」と。みんな「10年後、２０１５年までの話だと思い込んでいたら、あと5年だったのか」と青ざめました（笑）。

◉先行開発部門人員数の変遷

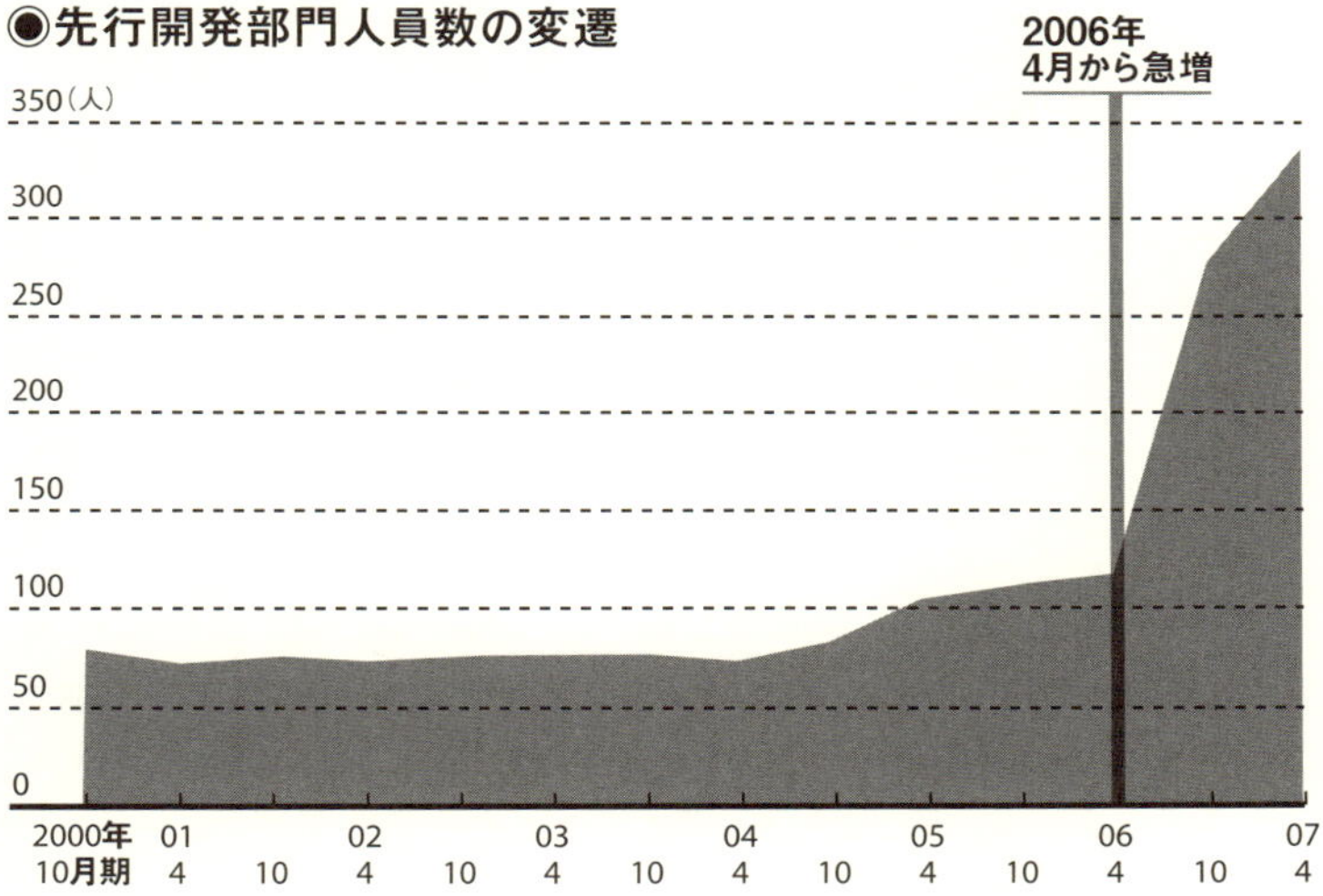

——ひどい(笑)。薄々「どうもおかしい」と思っていた人だっていたのでしょうけれど、開発者が自己燃焼を開始するまでは、わざと期限を宣言していなかったんですね。

金井 でも、通常は3年で開発するところが5年ですから、2年の余裕がある。これが前にお話しした(80ページ)先行開発のために設けた余裕になる。そのために、06年から、先行開発にぐっと人も予算も積み増しました。

——ついにここで、商品開発の手戻りの大きな要因だった、先行開発と商品開発の混在を解消できる。でもその分手薄になる直近に出るクルマの開発はどうしましたか。

金井 そちら(商品開発)の人間の仕事を

減らす努力はしました。だから、06～10年ぐらいに出たクルマはあんまり新技術は入れていません。ほとんど入れてないと言った方がいいかな。

みんなが「もう少し余裕があると思ったのに」とぶつぶつ言いながら頑張ってくれた背景には、やはり「理想」を一度身近に見たことが大きいと思います。いいね、これが完成したらすごいよね、と自分でも分かっている目標があれば、そして、「やれば手が届く」と思っていれば、そりゃあ、実現したくなる。やれない理由はなくなったんだから、言いわけもできない（笑）。

――でも、もし、新エンジンがうまくいかないと判明したらどうするつもりでしたか？

金井　2年やってみてダメならば、それこそ「他社のいいとこ取りエンジン」をやればいい。世界一には届かないかもしれないが、せめて負けないだけのものはできるだろう、と腹の中で思っていましたね。でも結局そうはならなかった。

そして06年の夏ごろには、参加してくれたみんなの努力が形になってきました。「ここに社運がかかっている」とまで思い詰めていた高圧縮ガソリンエンジンの開発は、幸いうまく進みました。あとで人見が言っていたことによれば、「教科書に載っているような、『理想の燃焼』をやっただけ。『高圧縮にすると異常燃焼が起きる』という業界の常識、というか思い込みにとらわれた人が試していなかったやり方でうまくいった」ということになるそうです。

——人見さんらしい物言いです。

金井 その「理想の燃焼」を追求する、という同じ発想から、ディーゼルエンジンでは、常識外れの低圧縮エンジンの実現にめどが見えてきた。こうして「排気量がどうであれ、理想の燃焼を行う同体質のエンジンを全車種に載せる」という、「コモンアーキテクチャー」の象徴的なケースが、エンジンから続々と具体化してきたんです。

どの排気量でも構成が相似形になり、燃焼特性が揃えば、市場別の仕様に合わせてキャリブレーション（調整）していた開発の手間が激減します。性能だけでなくコストにも大きく効くわけです。

——「大風呂敷」を納得させるのに欲しかった実例が、最重要部門で具体的な姿を見せ始めた。

金井 しかもエンジンの部門では、先に少し触れましたが、07年の5月から稼働する、形式の異なるエンジン（直列4気筒とV型6気筒）を混流生産するラインの準備が着々と進んでいました。同じエンジンだけを造り続けるトランスファーマシン（専用機）をやめて、

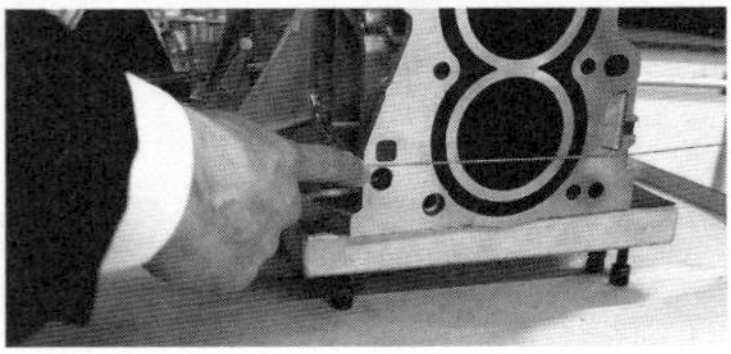

エンジンに見る、コモンアーキテクチャーの実例。左から、ディーゼルエンジン、ガソリンエンジン、左より小さいガソリンエンジンのシリンダーブロック。気筒数は4つで同じだが、形式も排気量も違うのに「相似形」であることが分かる。搬送機がつかむための穴（写真右）は、どのエンジンでも同じ場所に同じ大きさで開いている。（写真：著者）

ＮＣ（数値制御）のマシニングセンターを活用して造り分ける。どのエンジンでも生産できるので、売れ筋のクルマがどれになっても工場の効率が落ちることはない。

「素晴らしい！　これからはエンジンだけでなく、すべてのユニットで、こういう『多品種変量生産』をやりたいんだ！」と、大喜びして宣伝しました。一番複雑なパーツを造るところが、理想のフレキシブル生産を現実にしているじゃないか、と。

――　こちらは「フレキシブル生産」の実例ですか。面白いですね。生産の分野で、金井さんと同じ考え方で現場を変えてきた人がいたわけですね。

当時の日経ビジネスで「作業者が新車の

組みつけ方法を習得するのに一般的に1カ月はかかるという。だが山木(勝治)専務は『組みつけなどが共通の部品やシステムが増えれば、習得するのを1週間くらいに短縮できる』と語る。これは、同じラインで多様な車種を生産するマツダにとって、生産効率を高める効果がある」という記述がありました。

金井 モノ造り革新で、一括企画のもと、開発がコモンアーキテクチャーで一定の枠内に収めることを約束すれば、生産はフレキシブル生産で効率を上げられる。手を握れば、お互いにメリットがある、ということが見えてきて、双方向のコミットメントが成立したわけです。

Column

「同じ考え方」でクルマを造るメリット

——物分かりのいい方にはここまでで十分かもしれませんが、私のような人間にはなかなか「同じ考え方でクルマを造る」ことの利点が分かりにくいので、ここでもう一度、確認してよろしいでしょうか。

大前提。一括企画、コモンアーキテクチャー開発、フレキシブル生産で造られるクルマは、部品が相似であるが、共通ではない。

金井　共通ではない。その通りです。

――じゃあ何がコストダウンにつながるのと言ったら、まず、どのクルマでも基本的に同じ「固定」部分と、「ここをいじったら性能がこう変わる」という「変動」部分がきっちり考えられている。だから、商品別の特徴を出したり、仕向け地への微調整のたびに改めて開発・実験する必要が少ない。つまり、開発コストが下がるんだと。

改良も一度にまとめてできる

金井　開発側から言えば、それ以外にも大きなメリットがありますよ。例えばセダンのアテンザを想定して、エンジンだとか車体、足回りとか開発しますよね。SUVのCX－5も基本的には相似の設計になっているから、シミュレーションする際に少し補正すればいいし、その結果、CX－5の弱点が補強できたら、そのままぱっとアテンザにも移植できるわけです。

そのためには、実物のクルマとシミュレーションの実験結果の整合性がきちんと取れるようにせねばならない。だから、MDIが始まってから長い時間をかけてずーっと研究してきました。積み重ねが効いて、クルマによって多少重い／軽い、長い／短いという変数があっても、同じテクノロジーがすぐ移植できる。

——車種ごとに開発が進む段階になっても、お互いにいい点も悪い点もすぐ共有できる。3車種あれば3倍速でフィードバックが効いて、開発が進む。

金井 そうです。同じ思想、テクノロジーだから、開発の結果がぱっぱかぱっぱか流用できるわけです。

——製品の値段に開発の段階が占める重さが実感できる人はすっと理解できるでしょうね。つい「せっかくまとめて考えるのに、なぜ部品を揃えないんですか。しかも相似形とはいえ別々の部品を造る？ それでなぜコストダウンになるんですか、むしろコストは上がりそうですよね」と考えてしまう。

金井 改めて言いますが、設備投資も下がるんですよ。組み立て効率の話が出ましたけれど、それ以外でも。今後作る部品のバリエーションの範囲があらかじめ

3代目アテンザ(2012～)。写真は2018年の大幅改良後モデル。

10年分、分かるわけですから、まったく同じものを造り続ける機械の導入をやめて、NC（数値制御）で、一定の範囲で造りわけができる設備にしてしまえば、理屈で言えば10年間、更新の必要がない。クルマの外側のプレス型みたいに、個別のクルマで絶対変える必要がある設備はさすがにしょうがないけどね。

だけど、機械加工ラインとか組み立てラインでは、Aが来て、Bが来て、Cが来ても連続で流せる、そういう生産設備をあらかじめ仕込んでいる。それがフレキシブル

中国専用モデル、CX-4（2016～）。クルマとしては「アクセラとCX-5の間」に当たる。現地ではずっと販売が続いていた初代アテンザの代替えを狙う。

生産です。どの車種でも同じ固定部分がここ、そして変動する部分はここ。それをどの生産ラインでも十分吸収できるようにライン設計してください、と。だから例えば車種A、B、Cとあって、「次はBとCの間に新しいクルマを造るよ」といっても、開発も生産も「全然問題ないよ」と、こうなるわけです。実際に、中国限定モデルのCX－4はそうやって短期間で開発・生産できました。

――でも「車種Aだけを造る」工場と生産効率で競争するのはさすがに厳しいですよね？

2代目CX-5（2017～）

金井　負けない気でやっていますけれどね。それに、そんな、1車種だけ造っていれば工場がフル稼働するようなクルマはもうそうはない。少なくともマツダには、かつての大ヒットした「赤いファミリア」くらいしかない。大ヒットといっても、いつまでも続くわけではないので、それが本当に理想的な工場なのかどうか……。

こんな条件下で「工場をフル稼働」させるには、AでもBでもCでも同じ設備、同じ効率で造れる「フレキシブル生産」しかない、となるのです。

Chapter

8

マツダ暴走?
フォードから引き出した「黙認」

「わかった、一丁目一番地を動かそう」

モノ造り革新の成否を占う、スカイアクティブエンジンの実現性にめどが立ち、それをきっかけに、開発スタッフも負け犬根性を脱ぎ捨て、「世界一」を目指す姿勢を見せ始めた。さらに生産部門も「フレキシブル生産」の実現へ大きく踏み出し、いよいよマツダの「仕事のやり方」が変わり始める……と、言いたいところだが、大きな壁がまだ待っている。少品種大量生産を基本とするフォードは、マツダのモノ造り革新が実現をもくろむ「多品種変量生産」を受け入れるのだろうか。

――さんざんお聞きして「フレキシブル生産」が何を目指しているのか、ようやくイメージが見えてきました。「今後10年間のマツダの全車種が〝いつでも、どれでも〟造れる工場」を目指そうということですね。これができれば、売れている車種に柔軟に生産を切り替えられるから、稼働率を高くできる。追加投資も絞れるから、コストも下がる。

金井　はい、間違ってないですよ。

――それを実現するには、前提として「今後10年間、どの範囲でクルマを造るのか」が決まっていないとダメなんですね。寸法や主要部品のレイアウトなどが一定の枠内だから、生産現場は対応できる。とっぴなクルマが出てくると、工場が対応できる範囲を超えて、新規投資が必要になってしまう。そういうことをしないために、「一括企画」で範囲を決めて、「コモンアーキテクチャー」で相似形に設計する。

金井　合ってます。

――しかし、絡んで申しわけないですが、相似形、ということは、差異はあるんですよね。ある程度の余裕というか、調整できる幅がないと、とんでもなく窮屈な設計しかできなくなりませんか。

金井　それで言えば、いい実例があるんです。会議に参加していた生産技術のある役員が「わかった、わかった。車体の生産ラインの基準ピンは可動にしよう。それでうまくいくんだろう」と決断してくれたんです。あれは忘れられません。

――基準ピン？　可動？

金井　工場で、車体にプレス部品やそのほかのパーツを集めてだんだん組み上げてくるところの話ですね（左ページの写真を参照）。車体を組み上げる際には、（生産ライン上に）位置決めの基準点となる「基準ピン」というものがあって、そこにメインフレーム（クルマの前から後ろまで2本通っている柱、構造上最も重要な部分）を載せる。そしてライン上を動きながら、他の部品が組み付けられる。

――基準ピンは生産ライン上でクルマのフレームを数カ所で固定する、組み立て作業のすべての位置決めの基準になるもの。

金井　これはどんなクルマでも位置を変えてはならない、鉄則中の鉄則だったのです。だけど、今マツダはどうなっているかというと、基準ピンの径と受ける（フレームの）側の形、ここだけが固定なんですよ。一定の範囲内で可動していいことになったんです。

――工場の側にとっては、「一丁目一番地を動かす」みたいな話じゃないですか。

金井　そう決めたら工場も、可動基準ピンを前提にした治具（組み立て用の工具）を作る。その治具を作っておけば、その後どんどんモデルチェンジがあったり、いろいろな機種追

マツダの生産ライン

加があっても対応できる。最初にちょっと高い投資になるけれども、このあとはストンとうまくいく。今までは、車種ごとに、追加モデルごとに、高いコストをかけて治具を作っていましたからね。

開発のほうにしても、理想的なフレームを造りたくても、基準ピンの位置が決まっているという理由で、開けたくない場所に穴が開くとか、しょうもないことをこれまではしていたんです。そういうバカなことはもうやめたいよね。じゃ、どうすればいいの、と、開発と生産があぁだこうだやりあった。

「基準ピンの位置を変えて解決しよう。例えば、この辺にすればどのクルマも結構カバーできそうだけど」と生産が言い、「いや、その位置でいいかどうかは長期的には保証でききん」と開発が言ったら、「わかった、ピンを可動にしよう。ロボットで位置決めするようにしよう」と、生技（生産技術）の役員の方がね。ラインが数値情報として「次のクルマはここが基準点ですよ」と工作機械や工員さんに教えてくれればいいじゃないか。これで、はい、議論終わり。すごくありがたかったです。

――生産において、金井さんに当たる立場の方が、従来の鉄則の変更を決断した。

「何を守れば、理想を実現できるんだ？」

金井　理想を実現するために、お互いが守るルールを開発と生産でずーっと話し合って、開発は「一括企画の枠の中から出ない」とコミットする。それを受けて生産は、「一括企画の中で、というルールを守ってくれるなら何でも来いだ」と。この話し合いは「ああ、連中はそういうことを考えているのか」と、相互理解するきっかけにもなりました。

――成功した話って、終わってから振り返ってみると、誰かが長期的な計画を立てて、その筋書き通りにここぞというところに火を付けて、それが「ここしかない」タイミングでちょうど着火して、どんどん進んでいく。そんなふうに見えますけれど……。

金井 そんなわけはないでしょうね。

――ですよね。エンジン生産の部署がフレキシブル生産の先行例を作っていたように、どの部署の方にも何らかの、今の仕事のやり方についての問題意識がずっとあって、理想があって、「その手段を、ゼロベースでもっと柔軟に考えようぜ、関わる全員で」というきっかけを作ったのが、「モノ造り革新」だった、ということなんですかね。

金井 うん、みんな一生懸命仕事をやっているんです。いいことをしようとあちこちでやっているわけで。それらをうまく使わせていただき、底上げがまだ不十分なところについては、「志を世界一まで上げろ」と背中を叩いて、いいタイミングで成果が出始めた。
いろいろな意味で、「最後は運」。運がよかったなということになるんです。成功の背景には幸運がある。ただ、実行しないと、幸運があるかどうかは分かりませんわね（笑）。

――さあ、こうなると、社内の雰囲気も変わってきますか。

金井 いや、こんなふうに深くコミットしている人以外は、会社全体ではまだまだでした。けれど、経営レベルでは、当時のトップとは風通しがよかったですし、折に触れて状況を知らせて、「これは本当にいける」という雰囲気が生まれてきた、と思います。

当時は円安も効いて業績が好調で、将来に向けた計画を立てやすい環境ではありました。そして、我々が自動車メーカーとしては「小さい」ことも有利に働いたでしょうね。

――小さいことが有利に。なぜですか。

変えるなら一気に。そのほうがリスクが少ない

金井　例えば一括企画は「商売をする範囲を絞り込む」ことでもあります。今売っているクルマそれぞれに、部品を供給するサプライヤーさん、商品として当てにしている販売店さんがあるわけですから、商品数を絞るのは、もとの数が多い大手さんほど難しいはず。

――現実に「売り上げになっている」商品をやめるんですからね。

金井　まして「すべてのクルマをいったん全部見直して、理想的な形にしてやり直し」という話です。マツダにとっても大変な決断でした。

――そこなんですが、一斉に変えずとも、もっと時間を掛けてじわじわとシフトしていけばリスクが減らせたのでは……。

金井　なぜ急いだかといえば、まず、旧来のクルマと「一括企画」のクルマが混在する時

間が長くなればなるほど、開発・生産効率の改善が遅れますよね。そして何よりお客様に「おっ、マツダは変わったな」と思ってもらえない。一気にやるほど、ブランドイメージを上昇させやすく、販売、収益力につながるので、やるなら、ひよらずに一気に、短時間でやり抜くしかないのです。時間を掛けるほどメリットが薄れ、実はリスクが上昇する。

――なるほど。そういった「性急に大改革をやる理由」はどれほど共有されていたと思いますか。相対的に社員や関係者が少ないマツダの場合は、理解が広がりやすかった？

金井　いや、正直に申し上げて当時、マツダの社員、関係者全員がこの決断を理解し、納得していたかと言えば、ノーでしょう。とはいえ、それでも突っ走れたのは、やっぱり組織の〝小ささ〟が効いたんじゃないでしょうか。

――さあ、そこです。マツダの経営の支配者、フォードはまさに〝大きい〟組織の会社の代表格。よく、マツダの計画にうんと言いましたよね。

金井　そう来ましたか（笑）。

――何度かお聞きしているように、モノ造り革新とフォードの考え方はほとんど正反対です。「そこそこの性能のクルマを大量に造って、アフォーダブルな価格で勝つ」のは、「世界一を目指す」モノ造り革新の方向とまったく逆じゃないですか。実際にフォードは、プラットフォームをフォードとマツダで共通にする。エンジンも共通にするということをぐいぐい進めてきた。それを白紙に戻すプランをよくもまあ。

金井　まず、本当に当初フォードが描いたようなメリットがお互いに得られたのかというと、必ずしもそうでもないなと。これはお話しましたね。いいこともありましたけれど、課題もあって、このままこの路線を行くのはお互い不幸だ、ということは、フォードも分かり始めてきた。

このままフォードと同じ道を歩いていいのか

――そこで金井さんが、「ここでちょっとガラガラポンしたほうがよくないですか」と。

金井　いや、そういう言い方はしていません。

――すみません。

金井　もちろん、マツダの切実さ、改革の背景を理解してもらえるのか、これは実に大きな壁でしたよ。

我々は、工場が最も効率よく動く「年産20万台」のフル生産に持ち込むために、いろいろな車種を1つのラインで造る混流生産の技術を磨き、さらに一括企画、コモンアーキテクチャー、フレキシブル生産で「多品種変量生産」を極めようと考えた。でもフォードは、「世界共通」の1車種で20万台、30万台を1つの工場で造って売れる規模を持っているから、そんな面倒なことをなぜやるのか、やはり本当は理解できない。

いや、そもそも我々自身、フォードの世界戦略に参加して、「世界で同じモノを作って売ろうとするとどうなるか」を経験したことで、「こうなっちゃうのか」と初めて学んだんですよ。どの国の市場にも個別に要求される仕様がある。大型部品は輸送費がかさむので、現地に近い別のサプライヤーさんから仕入れることも多く、部品ごとに再設計や調整がいる。世界共通といっても、一皮むけばそうでもない。他のブランドや工場との共通化より、自分たちの車種間の技術を共通化するほうが、うんと大事だ、と気付いたのです。

――マツダはタテに、社内のクルマを統合したほうがメリットがある。

金井　そう。フォードの志向は、世界中で売るクルマをサイズ・車種ごとに統一して、開発、大量販売しようという、いわばメーカー間に横串を通す、ヨコの統一。私たちが考えたのは、ひとつの理想型を軸にサイズ・車種を開発して、市場別に微調整する。マツダ社内で完結しようとする、タテの統一でした。モジュールにもよるけれど、マツダとしてはタテに揃えたほうがいい。それを全部ヨコに、サイズ別で世界一律に切られたら、マツダのところだけで見たらそれぞれ別々に造らないといかん。我々だけでなく、部品メーカーさんにも大変な負荷が掛かる。これは分かるでしょうというような話を先方としてですね。フォードも少しは「なるほど」と。

それに、コモンアーキテクチャーならば、各地の市場に対応する場合でも、車種に合わせて調整するだけ。バーチャル開発ができるＭＤＩのおかげで、調整する変数と、変更した結果がシミュレーションできますから、試験も最小限。工場ももともと調整する幅を見込んだ設備になっているので、容易に対応できます。

「マツダのやり方に乗りませんか」と提案

――実は、このやり方はフォードにとってもメリットはある。

金井　彼らも苦労していたんです。世界中で統合してみたけど思ったほどスケールメリットが出ないぞ、って。こうして、「何が何でも統一してやらないとだめだ、ということではないな」と、少し、少しですが、気が付いてくれ始めた面もある。お互いにここは反省すべきですよね、という雰囲気になってきた。

――歩み寄るというか、聞く耳くらいは期待できそうに。

金井　まあ、なんといっても彼らは当時我々の3割以上の株式を握る事実上の親会社ですから、モノ造り革新を進める巨額投資を承認してもらわねばならない。ですので、折に触れてフォードの人とはこうした意見交換をしていました。あちらも、マツダの開発や生産の効率には一目置いていたので、この時期は、モノ造り革新を提案するためには非常に絶妙なタイミングだったんです。やはり、運がいいんです。

――具体的にはどのように提案したのですか。

金井　06年の夏から年末にかけて、新エンジンとプラットフォームのペーパープランがまとまり、これなら見せて説明してもいいだろう、という状況になってきました。

じゃあ技術者同士で詳しく情報交換を、ということになって、06年の年末に、米国フォード本社、そして欧州フォードの技術開発の最高責任者たちとミーティングしました。そこで我々のモノ造り革新の手の内を見せまして「この考え方で、より魅力的な商品を、多品種変量、かつコストも上がらないやり方で造れると思いますよ。ぜひ一緒にやりましょう」と、訴えた。

――で、結論は？

金井　彼らの結論は以前と変わりませんでした。「そんな虫のいい話が実現するとは信じがたい。いままでのやり方を莫大な投資を行って変えるなんて理解できないし、そんな高性能なエンジンやプラットフォームができるわけがない。マツダがやるというのなら止めないが、我々は乗れない」でした。

なぜフォードは「やめろ」と言わなかったのか

――数字で効果を見せてもダメなんですかね？

金井　彼らの気持ちも分かります。数字があるといっても、技術者は自らの誇りが高ければ高いほど、自分で手を汚して確かめたことしか信じられないものです。試す機会も理由もないフォードが「今までのやり方を変えて一緒にやろう」と言われても納得しなかったのは、まあ、当然です。

ですので「いずれは同じ道に戻るけれど、しばらく別の道を歩こうか」。そういう形になりました。大事なのは「やめろ」とは言われなかったこと。内心、小躍りしました。

――ゴーサインではないにしても「黙認」が出たと。でも、そもそも、マツダの提案にフォードが乗るのは難しいことは自明で、「振られる」のは恐らく計算の内ですよね。

金井　分かりませんけど、フォードから「やめろ」とは言われなかった。そこが重要です。

――繰り返しになりますが、マツダの「モノ造り革新」が考えていたことは、フォードの思考方法とまったく逆ですよね。そもそも、説明するだけムダのような……。

金井　いや、フォードが乗るか乗らないかとは別の問題として、先方が我々のロジックを正しく理解できなければ、「マツダが理解不能の暴走を始めた」と見られる可能性があった。それだけは避けねばならなかった。

――技術部門同士で、金井さんとフォードの担当役員が話し合って、「マツダの考え方には一定の合理性がある。フォードは乗れないが、やらせてみるのもまあいいか」くらいの着地点になった、ということですか。でも、これ実は技術レベルじゃなくて、完全に経営マターー、お互いの社長同士で話し合うべきレベルの課題ですよね。そういえば03年からマツダの社長は日本人に戻っていましたね。わざと「技術の話」に小さく見せたのでは。

金井　そうですかねえ。

――トップの方から「大変だったんだぞ」とか、嘆かれたりしてませんか。

金井　陰でどんなご苦労があったかは存じませんが、当時の社長は先方から「おまえら、本気か」くらいは言われた、かもしれません。分かりません。

――フォードの業績は2000年前後がピークで、そこから下り坂になっています。06年当時、マツダは、業績は絶好調だし、マツダの「アテンザ」などをベースに、フォードグループの世界各社で生産する話も出ていました。つまり、フォードによる再建フェーズが一段落して、逆にフォードがマツダを頼りにする部分が増していた。

金井　はい。

――「マツダの業績は好調だし、どうせうまくいかないだろうが試しにやらせて、ダメとなれば資本の論理で止めればいい」くらいに考えていたのでは。

金井　どうなんでしょうねえ、分かりませんねえ。

――歴史の皮肉というのか、フォードは08年9月のリーマンショックで急激に経営が悪化。そして08年11月に資金調達のためマツダ株を売却し、持ち株比率が13％に下がります。10年にはわずか3・5％となり、15年9月に完全にゼロに。「モノ造り革新」に、フォードによるブレーキが踏まれることはついにありませんでした。

金井　だからね、運がいいんですよ（笑）。

Column

数字には出ない、改革の最大の効果

——2011年末にマツダは「マツダ　モノ造り革新」と題したリリースで、概要と成果を公開しています。開発の効率化の効果を「開発で30％以上」「スカイアクティブエンジンで70％以上」「車両で20％以上」。コスト改善では「車両（パワートレーンと追加装備を除く）で20％以上、エンジンも現行より改善、と。

金井　そういう、数字に出るものではないけれど、実はモノ造り革新がもたらした最大の効果は、さっきお話しした開発と生産のやり取りのようなことが、あちこちで広く深く行われたことだと思います。開発、生産だけでなく、品質、物流、そして購買とサプライヤーさんも含めて、会話が増えていった。部署や会社に関係なく、目標設定のときから私にがんがんやられて……。

——え？　金井さんに叱られたのは開発の人だけじゃなかったんですか。

金井　構想を出すチームのリーダーは開発なんだけど、そのチームの中に生産技術の人も、購買の人も、場合によってはサプライヤーさんもいる。そのチームが出してきたプランを「ここはもっと話し合わないといけないだろう」とか、「生産と開発でいいアイデアを出すようにお互いに共有化しろ」ということをガミガミやるわけです。

――「だって、そうしないと世界一になれないだろう、みんなをぎゃっと言わせたくないのか」と、金井さんがしつこく叱る。うひゃ……。

共通体験が部署をまたいだ人間関係をつくる

金井　開発の独りよがりも許さないし、生産の都合だけでものを言うのも許さない。そうするとだんだんチーム内で、お互いに何が問題なのかを共有し始める。「あ、開発はこれがしたいのか、だったらこういう造り方をしよう」「いっそこの部品をこう変えれば、性能も上がるし生産も楽で、コストも下がるぜ」とね。お互いにやり取りしているから、「お客様に提供する価値は何なんだ」ということまで話がつながって、そうなると、自分の部署の利害ベースの発想から抜けられる。

――綱引きをやめて、「右上」（168ページ）に行けるわけですね。

金井　開発も、造る人の価値観、要求が、どういう理由があってそうなるのかが分かってくるでしょう。そうするとまたいい知恵も出たりするわけです、お互いに。「何だ、そうだったのか」と。

こうした共通体験を通して、人同士のネットワークも強固になるわけですよ。そうなると、物事を決めたあと、事態が進展して相談事が出てきたときに、お互いまたパッとコミュニケーションできるでしょう。

――異なる部署に、過去の経緯とお互いの考え方を共有している人間がいる、というのは心強いですね。このありがたさは会社員なら共感できると思います。

金井　そしてだんだん、会議とかでもよく分からなくなるの。「この人、開発だったかな、生産だったかな」と。

――あ、生産の人間が開発の人みたいに話していたり、その逆もあったり。

金井　そうそう。「こんなやつが俺の部下にいるとは知らなかったぞ、えらい優秀じゃないか」と思って聞いたら「ああ、彼は生産技術の人間ですよ」と言われて「ええっ」って。

――それは象徴的ですね。

金井　これで味をしめて、08年からは、「骨太ローテーション」と称して、開発部門の全新入社員を、最初の3年間、第一線の開発現場（車両、パワートレーンの開発本部）に配属することにしました。さらに13年からは、生産と品質やITの技術系の人も同様に最初の3年間、開発の第一線に入ってもらっています。改めて考えてみると、もう10年経っていますね。早いと10年ぐらいで主任になる人もいるので、同じ職場で働いた人同士が、それぞれの部署でリーダーになってくる。そうなると、でかいですよ。本当に楽しみにしているんです。

Chapter

9

リーマンショック襲来す

「このままやるべきです。なぜなら、これ以上の良案はないから」

フォードの「黙許」を経て、2007年3月にマツダは「サステイナブル〝Zoom‐Zoom〟宣言」を行う。「すべてのお客様に走る歓びと優れた環境・安全性能」を打ち出し、翌年6月には「15年までに、マツダのクルマの平均燃費を30%改善させる」と公表した。だが、世の中の反応は「マツダはハイブリッド車（HV）や電気自動車（EV）を開発するお力ネがないから、内燃機関で環境対応をしようとしている」というものだった。

金井 「サステイナブル〝Zoom‐Zoom〟宣言」は、我々の決意表明です。低燃費・高効率、イコール高い環境性能。そのためにマツダは、内燃機関の徹底改良を最優先し、そこに最低限の電気デバイスを加えることで、環境規制を乗り切る。しかも、燃費だけではなくて、楽しい走りと、お手ごろな価格も実現してみせる、そして世界一になってみせる。そのための業務改革がマツダの「モノ造り革新」だ、と。

――12年経った今、改めて読み直すと、「マツダが目指すこと」がこんなにはっきり宣言されていたのかと驚きます。大半が具体的な形になったから、意味がよく分かる。でも、当時、これが世に出たときに「全ラインアップ一新、生産設備も一新、EVやHVに頼らず環境性能達成、そして走りは楽しく」なんてことを、フォード傘下のマツダが考えているとは、恥ずかしながらメディアの人間を含めて、誰も思っていなかったんじゃないでしょうか。

金井　我々も、「本当のことを言っているのに、言っただけでは全然伝わらないものなんだなあ」と、改めて思い知らされましたね。

――実は同僚の記者が何人か「サステイナブル〝Zoom-Zoom〟宣言」の発表に立ち会っていたので、当時の記憶を聞いてみました。

金井　そうですか、どう受け止められてました？

――「難しい話が多くて、何を言っているかさっぱり分からなかった」と。

金井　なるほど（笑）。我々は「マツダはこうして生き残る」というロードマップを示したつもりでしたが、「内燃機関の性能を極限まで上げて、世界一の性能を狙うんだ」とぶち上げても、だいたいが「ほんまかいな」でした。半信半疑ならまだしも、一信九疑ぐらいの人ばっかりで（笑）。

概してそういう反応で、インパクトを与えられなかった。経営層は理解してくれたから宣言はできましたけれど、社内でも、実のところ「金井さんはああ言ってるけれど、ほんまかいな」の人が、当時はまだまだ圧倒的に多かったんじゃないでしょうか。

――最初に社内、次に親会社、そして世間。「わかっちゃくれない」壁が次々現れますね。

金井　まったくね（笑）。

「今さら内燃機関？　時代はハイブリッドに電気自動車でしょ」

――この宣言が信じてもらえなかったのは、何が原因だと思いますか？

金井　「まず内燃機関」という我々の戦略が、不信感の最大の原因だったように思います。

――そうですね。当時は「トヨタを見習って、ＨＶに一刻も早くシフトすべき」というのが、世の中の自動車業界に対する認識で。

金井 世間の評価はなんといっても「プリウス」。07年もトヨタさんのHV全盛が続いていて、我々が「現状でHV、EVを追加するよりも、内燃機関で理想の燃焼を追求し、それを全車に展開するほうが環境への貢献は大きい」と主張しても「マツダはおカネがないからHVが造れない。だからエンジンを改良するしかないんだ」くらいにしか受け止めてもらえなかったようです。

―― 本当はやりたいのにできないんだ、だから負け惜しみを言っている、と。

金井 まあ、おカネがないのは本当ですが(笑)。当時も今も「環境対応＝電動車＝HV、将来はEV」という勘違いがありますね。

これ、私がよく使うロジックなんですけど、排出するCO2を10%減らす技術が、1台当たり5万円で搭載できるとしますね。一方、CO2を50%削減できる技術が、1台当たり50万円かかるとしましょう。技術的には後者の方が華々しいですね。前者が100台で削減するCO2の排出量を、後者は20台で達成します。

しかし、同じ量のCO2を削減するのにかかる費用を考えると、前者は100台で500万円、後者は20台で1000万円。社会的なコストは薄く広くのほうが望ましいし、後者の場合は、50万円以上の値上げになるわけで、低価格車に搭載することは難しい。でも、前者なら、すべてのラインアップに載せることができる、ということは、より多くのCO2削減につなげることができます。

―― 新しくEVやHVを開発するより、今あるガソリンやディーゼルのエンジンをCO2が少ないものに置き換えるほうが環境対策としては効果が大きい。そりゃ、台数が全然違うんだから当たり前か。

金井 例えば、米国環境保護庁が全米の「メーカー別」の平均燃費を発表しているのですが、マツダは、ガソリンエンジンの「SKYACTIV-G」とディーゼルの「SKYACTIV-D」搭載車に切り替わったことで、13年から5年連続トップ（※編注：18年は僅差で2位）、という事実はご存じですか？ 地味ながらも「内燃機関で理想の燃焼を追求するほうが、環境に貢献できる」という、我々の考えの正しさが証明されていると思うのですが。

もう一つの反応は「そんな内燃機関が本当にできるのか、できても大したことないんじゃないか」というもの。特に国内はね。仮にできたとしても、やっぱりこの先の世の中はHVかEVだろう。そんなに話題になるだろうか。「いや、それだけじゃないんです、ペダルの配置だとか、視界とか、安全装備も世界一になるんです」、という話もするんだけれども、「どれも大してインパクトがないじゃないか」って（笑）。

――目が笑っていません……。ただこの発表時に、エンジンの改良じゃなく、「将来はEVも」を強く打ち出していれば、世間の印象は一変したと思います。だって発表資料をよく読むと、HVは中長期的目標、EVも未来目標として設定されているじゃないですか。

世の中のEVへの勘違いはまだ続いている

金井 そうなんですよ。マツダは内燃機関「しか」やらない、なんて一度も言っていません。05年に「ビルディングブロック戦略」として、「アイドリングストップから始めて、エネルギー回生、そしてモーター駆動と、動力の電動化を着実に進める」と言っている。そして07年には、（電動化するパワートレーンの）ベースにあるのは内燃機関、エンジンだから、ここの徹底改良は絶対必要ですよね、と訴えた。

――でも「マツダは今どき、エンジンに注力するのか」という受け止め方をされた。今、07年を振り返ってどうでしょう。世論はますますEVへの期待を高めています。

金井　世論がＥＶに傾斜しているとおっしゃる。そうかもしれません。マスコミ、それから一般の方も「やっぱりクルマはどんどんＥＶになるんじゃないか」と。その気分は確かに当時よりも強くなっていると思います。思いますが、ＥＶ化の流れとその加速については、当時も今も変わらず懐疑的ですね。

――おそらくマツダが目標にしているジャーマンスリー、ドイツ３社、中でもＢＭＷは、報道で知る限りＥＶ化に猛烈にアクセルを踏んでいるように見えますが。

電動化＝ＥＶ、ではありません

金井　この部分については、ドイツのメーカーさんが何を考えているのか、私にはよく分かりません。ああいう発言は技術者が言っているのか、経営陣だけが言っているのか。ずっとエンジニアの会社だなと尊敬してきた会社さんが、マーケティング主導に変わったのかなと思うこともあります。パワートレーンのエンジニアが一生懸命考えた結論が、「すぐにＥＶ時代です」というのは、ちょっと私には信じられない。

マツダも、電動化の方向に動いていますよ。電動化は避けられないし、避ける必要もない。エンジン単体ではなく、モーターがアシストして楽しい走りを実現すればいい。我々もすべて電気で動くEVも出します。ただし、そこに行く前に、内燃機関の性能を向上させるステップがあるはずです。「ある朝起きたら、EVしか走らない世の中になっていた」ということはあり得ない。エンジニアが本当に自分で考えて結論を出すんだったら、「EVも必要だ。しかし、まずはやっぱり内燃機関だ」となるはずです。いかん、危ない発言をしたな（笑）。

――そこまで言い切る理由はなんでしょう。

金井　私は、マスコミのおっしゃることは話半分だと思っているので。自分自身で試して確認しないうちは、信じることはできません。「サステイナブル〝Zoom-Zoom〟宣言」のときには、水素ロータリーエンジンについて触れていますけれど、これも先に申し上げたように、実際に試作して、ノルウェーまで持っていって2年間使って、「これは、マツダが懸けるにはリスキーすぎる」と判断した。EVも後に自分たちで造って、売ってみたんですよ。そして「これは現時点では無理だ」という結論になった。

EVも研究して、リース販売もして、そのうえで、「段階的な導入が望ましい」と。その間は、もっと着実に、確実なインカムゲインがあるところからしっかり押さえていく。

そのほうが会社が安定しやすい。ある意味、各社さんがエンジンの技術者をＨＶやＥＶにだーっとシフトして手薄になるのは、しめしめなんです。我々の強みがさらに生かせる。

――ううむ。

金井 「これからはＥＶだ」という流れを作っている会社さんの発表をよく見ると面白いですね。「ＥＶしか出さない」のではなく「内燃機関〝だけ〟のクルマは出さない」と言ってたりします。この場合、内燃機関＋モーターのＨＶも「あり」なんです。それなら、うちも「マツダは、２０３０年までに内燃機関〝だけ〟のクルマはなくなります」と言えばいいじゃない、と。

――そうしたら「内燃機関の雄マツダ、ついに落城」とか書かれたりして。

金井 ひどいな（笑）。だけど、もし皆さんを啓蒙できるんだったら、やってもいいかなと個人的には思ってます。（インタビュー後の18年秋に「30年にはすべて電動車に」と宣言）

――今年、19年に搭載車が出てくる次世代ガソリンエンジン、「SKYACTIV-X」、あれは注目されていると思いますけれど。

金井 予混合圧縮着火（ＨＣＣＩ）技術を組み込んだエンジンですね。どうなんでしょう。いや、でも、やっぱり2つに色分けされているんじゃないですか。「まだ内燃機関だと言っているよ」と、あきれ返って見ている人もたくさんいるかもしれませんよ。

――マツダの新エンジンが評価されている19年でそうなんですから、07年当時は「ええっ、いまさら内燃機関の研究？　本気？」という雰囲気だったでしょうね。

エンジンの開発はできた。しかし……

金井　我々は「これしかない」と思っていましたが、事実上の親会社であるフォードも、日本国内の反応も、「すごい、これからのマツダに期待しよう」というものでは、決してありませんでした。それは事実です。仕方がないことです。我々は我々で、粛々と、「モノ造り革新」を進めていく。その一丁目一番地が内燃機関、スカイアクティブの「G（ガソリン）」と「D（ディーゼル）」だった。

――一丁目一番地。でも、06年に技術的なめどは見えていたと言われましたが。

金井　ええ。しかし、「技術的に可能」ということと、「量産して市販車に載せる」ことの間には、ものすごい距離があります。新開発の技術ですから、ここで販売した後にトラブルが発生したら……。

――そういえば、ロータリーエンジンも発売後に白煙問題でさんざん苦労していた。

金井 量産開始までに、高い信頼性と性能を両立させねばなりません。正直言って、「エンジンに社運が懸かっている。ここの開発・量産化が成功するかどうかがマツダの未来を決める」くらいに思っていました。

――そこまで言いますか。ならばお尋ねします。実はエンジンを開発する「パワートレイン（ＰＴ）開発本部」を知る方から、当時のＰＴ部門は〝サイロ〟化した、よく言えば独立独歩、悪く言うと「クルマではなくてエンジンを開発する部署」だったと聞きました。

金井 ずばり言うと、当時のＰＴ部門は開発の中でも極めて軍隊的な風土があった。ここで、新しい発想のエンジンを量産まで持って行くことができるのか。それには人心刷新が必要でした。そこで、ＰＴの開発本部長を、羽山（信宏氏、当時常務）さんと話し合って、藤原（清志氏、当時商品企画本部長、現副社長）にやってもらうことにしました。

――藤原さんが本部長就任でカマした「同じビジョンが持てない人は言ってください。お互いの幸せのために別の職場を探してあげます」演説は、マツダウオッチャーの間では有名です。スカイアクティブエンジンの生みの親、人見（光夫氏、当時は先進開発グループ長）さんは「これはややこしい人が来た」と、当初は思ったとか。

金井　そこで藤原が、その人見と出会って、彼と二人三脚でこのエンジンの開発・量産にこぎ着けることになったわけです。

リーマンショック、続いて東日本大震災、タイでは大洪水

――ところが、モノ造り革新が順調に動き出したところで特大級の災厄が日本経済を襲いました。まず、08年9月に米国で「リーマンショック」が起こり、為替市場は急激な円高に。これは、輸出比率が高いマツダには大変なダメージです。さらに11年には東日本大震災が発生。重要市場のタイでは大洪水で生産設備に甚大な被害が出ました。

金井　マツダの業績は08年第3四半期（10〜12月）から、再びどん底になります。09年3月期の決算は売上高で2兆5359億円と9400億円の減収に。そこに円高が進行して、為替損失だけで1020億円が発生し、当期の最終損益は715億円の赤字になってしまいました。

――せっかくラインアップ一新を目指して、研究開発や生産設備への投資を始めたところですよね。

◉リーマンショック、円高、東日本大震災下でも投資は高水準

マツダの研究開発費、有利子負債残高

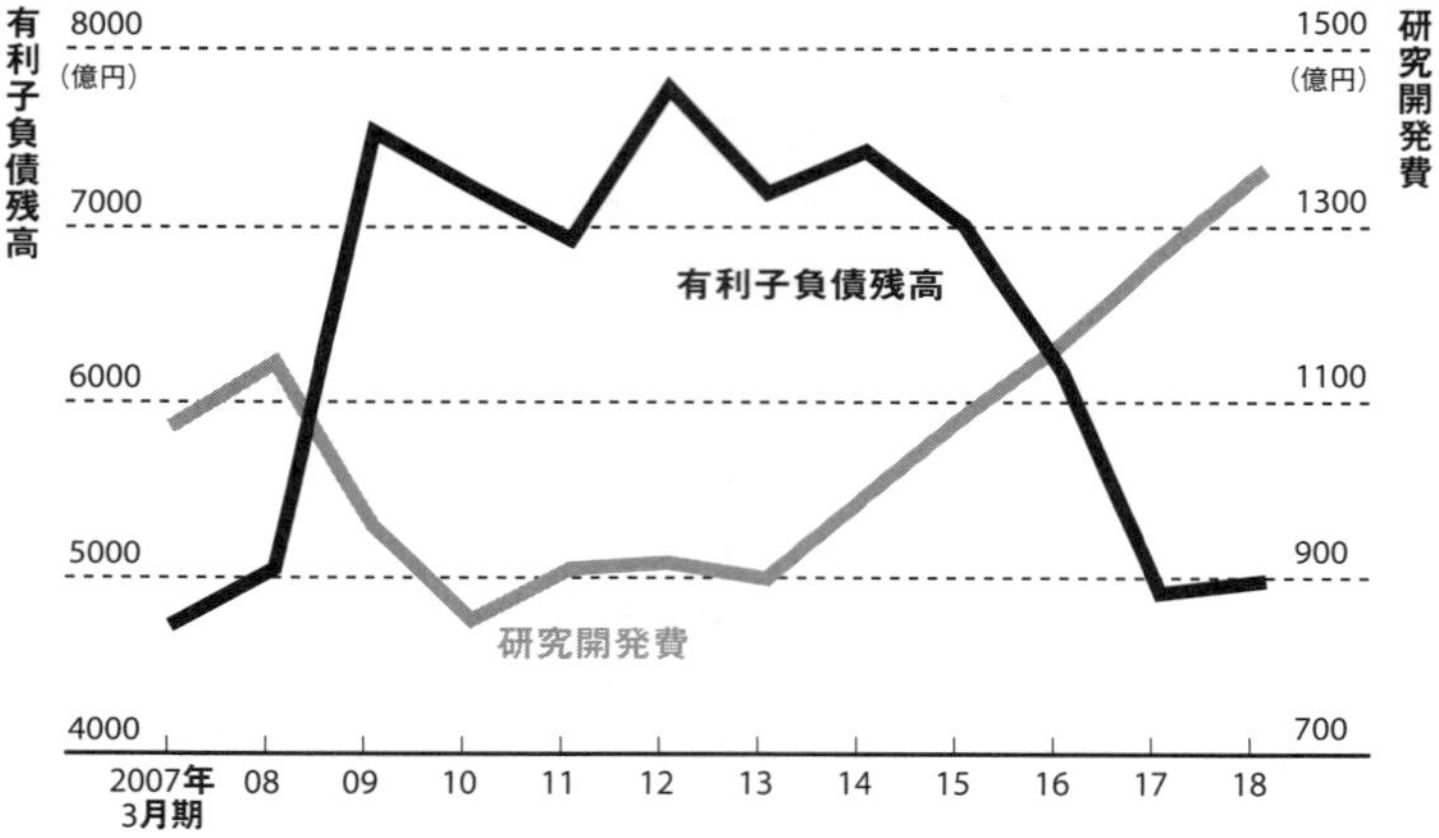

金井　ええ、モノ造り革新には、まず研究開発投資が必要です。07年の段階で、「研究開発費は過去４年間比で３割、設備投資は同５割増になる」としていて、08年３月期の投資額は１１４０億円、この後も毎期９００億円前後の投資が続きました。

――巨額投資を始めたところでこの事態。

金井　必要なお金を手に入れるにはムダなコストの切り詰めと、外から調達するしかありません。09年10～11月に増資と自社株の売却で９３３億円、12年３月には公募増資で１４４２億円、劣後ローンで７００億円を調達しました。社長、そして財務を担当された方々は、大変なご苦労をされました。「必ず売れる、いいクルマを造ります。

このまま続けさせてください」という言葉を信じてくれて、本当に感謝しています。

――しかし、業績も市場環境もひどく厳しい中で、研究開発投資の水準が高いまま、というのはすごい。普通真っ先に削られますよね。そういう意見は出なかったんですか。

「こんな状況下で、莫大な投資を継続していいのか？」

金井　もちろんありましたよ。猛烈な逆風が吹くたびに、「こんな状況下で、莫大な投資をそのまま継続してもいいのか」「せめて、スケジュールを先に延ばすべきでは」という意見が出されました。

――ですよね。それに対して金井さんはどう答えたのですか。

金井　発言を求められるたびに「このままやるべきです。なぜなら、これ以上の良案はないからです」と、お答えしておりました。

――「これ以上の良案はないから」。言われたほうも、まさかそう返されるとは思わなかったでしょうね。なぜこれが「最上の案」なのでしょうか。

金井　「じゃ、仮に、お金がかかるスカイアクティブの開発をやめたとしますか。代わりに何をやりますか。HVですか。どう考えても、10年以上先行しているトヨタさんには追い付けません。じゃEVか、もっとリスクが高いですよね。しかも、いきなりクルマが全部HVやEVになるわけじゃありませんよね。トヨタですら（HVは）生産台数の1割前後。マツダだったら10万台ですよ。それであとの90万台はどうするんでしょうか。100万台すべての競争力がアップするめどが立っている、現在の計画を続行するのが最も安全策じゃないでしょうか」。だいたい、こんな感じで。

——うひゃー。理屈としては通っていても、なかなか言えないですよ。

金井　そうですか。普通に（ただし自分の頭で）考えたらそうなることをそのまま申し上げただけです。もちろん、会社が苦しい状況で、気持ちとして「おカネが出ていく話はちょっとでも先に延ばそうじゃないか」というのはもう、よく分かります。しかし、これまでの投資額が丸々返ってくるならともかく、巨額の投資をすでに始めて、成功の見込みも日に日に高まっているこのとき、おカネを絞って速度を落とすことに何の意味があるのか。

スケジュールの遅れは、イコール回収の遅れ、収益の減少です。自分自身は本当に、「理屈で考えればそうなる」としか思っていませんでした。マツダが生き延びるためにはこれ以上安全な策がこれ以外になかった。

マツダが12年からリース販売した、「デミオEV」。

――そうかもしれませんが……。

金井　全社で言えば、私の言葉をまゆつばで聞いた人間はいっぱいいたでしょうね。社内の不安には2種類あったと思います。「モノ造り革新は正しいのか」と、「果たして、連中が言っているほど技術・生産革新がうまくいくのか」という。

まず前者ですが、結局のところ、内燃機関を重視するという戦略に対する代案は、EVしかないんです。ですので「電気もやれ、EVをやれ」というのはずいぶん言われましたよ。ずっと抵抗していたんですが、ちょっとひらめいて、「分かりました」と。最終的には12年10月から、デミオ（3代目）のEVを造ってリースをやりました。

戦略の正しさと実現性は、実績で訴える

――それが先ほどの「EVもやってみた」という話ですね。

金井 「どう考えてもEVではビジネスが成立しません、儲かりません」といくら言っても「いやいや、世の中がやるからやらないといけない」と言われる。「これは、やって失敗しないと分からないな」ということで、それでもデミオEVの実験は最初200台と言っていたのを、100台に絞った。開発をやってもらった方には本当に申しわけなかったけれど。でもこのときEVの勉強をしたことは、後々とても有益でした。せっかくだから、使い方をモニターさせてもらう条件も付けて、法人や官公庁にリースした。案の定、ソロバンはまったく合いませんでした。このときにはもう第6世代が発売になっていたので……。

――EVはまだいいよね、となったわけですか。

金井 あれで理解してもらえた。ロジックだけで納得できないなら、実際にダメだと実証することも、やりたくないけど必要なときもある。

後者については、モノ造り革新自体が順調に進んでいることが何よりの不安解消材料に

なりました。10年の春にはエンジンをはじめ、「SKYACTIV（スカイアクティブ）」と名付けていた一連の新技術が、12年に発売する量産車に載せられるめどがつき、社外にも発表しました。

——11年、第5世代のデミオ（3代目）に「SKYACTIV-G 1.3」エンジンとアイドリングストップ機構「i-stop」を搭載した仕様が登場しましたね。

金井　当時、売れ筋のHVが「リッター30km」の燃費を謳っていたんです。スカイアクティブエンジンの開発は本当に順調に進んでいましたから、ガソリンエンジンでも同等の数字が出るところを見せてやれ、と、藤原と人見をけしかけまして、車体は旧世代のまま、量産車に搭載させたんです。なかなか30kmに届かなくてぎりぎりまで苦労していたのですが、最後はついに達成して、面目を施しました。

「世界一のエンジンが完成しようとしている。世界一のドライブポジションのレイアウトを持ったクルマができる。みんなが目指した世界一が、ほとんど手に入りそう」と、リアリティーがどんどん増していくわけですよね。それなのに、ここでやめるなんて、それはないだろう。そんな雰囲気が生まれていく。

ただ、特にリーマンショックの直後はずいぶん言われましたね。モノ造り革新はエンジンとトランスミッション、車体、足回り、内装から空調からシートから何から全部をオールニューで、それぞれ全部世界一の理想を描けと言っているわけですから、開発にも生産にもおカネが掛かるんですよ。ですので「やめろとは言わんが、投資額を下げろ、切り詰めろ」と。

「代案がありましたら、ぜひどうぞ」

―― 言われましたか。それはそうでしょうね。

金井 投資が一番大きいのはやっぱりエンジンなんです。エンジンとつながるトランスミッションもそこそこ大きい。

―― じゃあ、そこが議論の焦点になりますね。

金井 はい、この辺がすごく大きいものですから、あとを下げても削れる額は知れているわけで。

―― え？

金井 「エンジンだけは譲れない、そしてトランスミッションも譲れない」とか頑張っているうちに、どさくさに紛れてそれ以外も全部やっちゃったんだけどね。

――そんな（笑）。

金井 だって、「車体だけは従来と共通の工場設備が使えるように」とかやって投資額を抑えたところで、大した節約にはならないし、車体の進化を手控えたら、せっかくのエンジンの特性が出なくなる。まだ文句を言われたら「じゃあ、エンジンの開発をやめるしかないですよ。やめるんですか」と言うと、「うーん、確かにエンジンはいるよな」となる。

我が社の生き残る戦略、成長するための戦略って、新型エンジンしかない、だからそっちに投資しているんでしょう。反論があるなら、どうぞ。代案があるなら、どうぞ。喜んでお聞きしますよ、と。結局のところ、代案は誰も持ってこなかったですな。「では、12年に第6世代のクルマが出てくるまでの辛抱です。頑張りましょう」。

――反対でも代案でも、もっといいアイデアがあったら、もちろん聞くよ、どんな案があるの、と言われて、「だって世間がHVだから、EVだから」では、さすがに説得力がありませんね。

金井 まったく付加価値のない、単なるコメントですね、ということです。

――ちゃんと自分の頭で考えていれば、「単なるコメント」なんて別に怖くないということか。ただですね、個人的には、そういうことを言うと、人に嫌われそうでイヤなんですが……。

金井 人に好かれるために生きているのか、世の中に貢献するために生きているのか。

―― ぐはっ。

金井 すごく偉そうに言っちゃいましたけど、ただ私にはやっぱり仲間がいましたよ。ずいぶん支えられたと思います。それに、「何でEVをやらないんだ」「金を掛けすぎ」と、ご批判めいたものも受けましたけれども、一方では「これでいくべきだよ」という仲間もいました。「頑張ってください」と、いろいろな人から言われたな（笑）。

勇躍、再びアウトバーンへ

―― 金井さん自身は、どの時点で「スカイアクティブはいける」と感じたんですか。

金井 10年の8月28日、開発中の技術の完成度を実際の道路で確認することになり、実験車両をドイツに持ち込んだんです。外側は2代目のアテンザ（現行は3代目）ですが、中身は全部、エンジンも足回りもスカイアクティブのものにしてあるクルマです。主要市場であるヨーロッパの心臓部、ドイツのアウトバーンの環境、オーバー200kmの世界で出来を試そうというわけです。

実は私は、広島県の三次《みよし》のテストコースでもう乗ってましてね、「これはいいぞ」と思っていたんですが、果たしてアウトバーンではどうだろうかと。

――テストコースでの試乗と、実際のアウトバーンでは何が違うんですか。テストコースでも、さまざまな路面や状況が試せますよね。

金井 そうなんですが、一番足りないのは臨場感、緊張感ですね。テストコースは安全最優先でつくられているのです。例えば時速200kmでカーブを走っても、バンクが付いているからハンドルを切らなくても自然に曲がってくれる。緊張がない、言ってみれば。ゼロではないけどね。だから「なんだ、ちゃんと走るじゃねえか」と、こうなるんですよ。

――そういうことですか。テストコースというと難所だらけなんじゃないかと思いましたが、走りやすい道なんですね。

金井 そうなんですよ。並走車もなく、対向車が来るわけじゃなし。そもそも危ない走り方をテストコースでやったら、即、怒られて停められますからね。追い抜くときのルールもすごく厳格ですし。一般道の「何があるか分からない」という緊張感がまるでない。だから、絶対的な性能をきちんと試せるわけですが。

――よく分かりました。では、話を戻して、緊張感と臨場感あふれる、速度無制限の高速道路、ドイツのアウトバーンに試作車を持ち込んで、どうなりましたか？

ドイツ車をあっという間にぶっちぎる

金井　一番印象的だったのは、ディーゼルの2・2リッターエンジンを積んだ車両でアウトバーンを走ったときです。速度無制限区間と、時速120㎞制限の区間が交互に出てくるんですけれど、その制限区間を、一番左側の追い越し車線で走っていました。

「もうちょっとで速度無制限になるな」と、120で我慢していたわけです。そうしたら後ろから某プレミアムブランドのドイツ車がものすごい勢いで、こちらに鼻っつらを寄せてきた。

――「早くどけ、車線を譲れ」と。

金井　「まあ、今に見ちょれ」と、速度無制限になった瞬間にアクセルを踏み込み、全開にしたら、そのクルマが見る見る離れていく。あっという間に見えなくなって、とうとう

初代CX-5（2012〜16）

追いついてきませんでした。

ざっと、時速250㎞くらい出しましたかね。あれはいまだに自己最高速です。今回は手に汗握ることもなく、気持ちよく走れました。

――おお！　あの「アウトバーンの屈辱」の借りを、ついに返せたわけですか。

金井　うーん、まだ返し切れたとまでは言いたくないですね。だって、これから出る新しいスカイアクティブ技術を搭載した第7世代のクルマは、もっともっとすごいですから（笑）。

――そして12年2月に、待ちに待った第6世代の最初の一台、SUVの「CX-5」が発売になりました。

最初が「アテンザ」ではなかったワケ

――ちょっと余談ですけど、第6世代の1発目は、Zoom-Zoomの1号車になった「アテンザ」の新型、ではなかった。これはなぜなんでしょう？

金井 モノ造り革新の開発は、一括企画、コモンアーキテクチャーですから、第6世代のどのクルマでも重要な部分は同じなので、どれが先になっても問題はなかったんです……というのは建前で、実際には「アテンザが最初」となんとなくみんな思っていました。だから、「CX-5からいこう」と決めたら、現場からは「えー？」という声は上がりました。

――やはり。

金井 一括企画の開発のベース車両とエンジンは、ドイツで試乗したアテンザに2リッターのガソリン、2・2リッターのディーゼルの組み合わせでしたから、みんな自然にこれが一番手だと思っていたでしょう。

CX-5が先行した理由は、経営的な判断です。世界的にSUVの人気が盛り上がっていたことと、これまでなかった車種なので、マツダ車どうしの食い合いが少ないことです。アテンザの新型が出るとなったら、現行車は売れなくなるじゃないですか。ところが、C

X－5ならば単純に売り上げ増になるんじゃないかという期待があった。その2つですね。既存車種と食い合わない新型車が出ることが、メーカーにとっては最高に嬉しいことです。マツダで、それが最もうまくいったのが初代ロードスター。

――なるほど！

金井　コンピューターシミュレーションもかなり進んでいましたから、アテンザをベースにすれば「CX－5の場合は、多少人の座る位置が高くなり、地上高が上がって……」と、だいたいの性能予測はつくわけですよ。

――というか、「モノ造り革新」で造ったならそうでなくてはいけなかったわけで。

金井　そう、それが今回、目指したやり方でもあるので。「アテンザはいけるとわかった。ということは、SUVも当然いけるよね」と。現場は確かに泡くったんでしょうけどね。決めたのはドイツでの試乗のあと、10年ごろの話じゃなかったかな。

――かくて第6世代の初陣としてCX－5が登場し、これがマツダの大変身の始まりになったわけです。冒頭で述べた通り、ここから18年まで8車種の新型車が投入（国内）され、為替の円安反転も重なり、業績は急回復。……と、今から見ればこうなるわけですが、当時、金井さんはどんな心境でCX－5発売の日、2月16日を待っていたんでしょうか。

CX-5の真っ当さが、世の中に伝わるだろうか

金井 これが一番心配だったんですよ。心配というか、祈るような気持ちでした。CX-5が成功すれば、あとに続く第6世代の車両群は成功を約束されたも同然、ぐらいに思っていましたね。じゃ、(CX-5が) クルマとしてどうか、と聞かれたら、失敗する理由が見つからなかった、いや、考えつかなかったと言ったほうがいい。

――そのくらい自信を持っていた。

金井 はい。

――実は自分は12年当時、CX-5があんなに売れるとは思っていませんでした。友人が買いまして、乗せてもらって、「これはいい!」と思いましたが、この良さを市場が理解してくれるのか? 「燃費と低価格で選ばれる時代に、こんな真っ正直なクルマを造っちゃって。スタイルもまとまっているけれど派手さはないし、大丈夫なのか、マツダ」と、はい、ごめんなさい。言いたい放題で誠に申しわけありません。

金井 まさにそこだったんですよ、私の心配も。世界一を目指して06年から先行開発を開始し、プラットフォームからエンジン、足回りまで文字通りすべて一新したクルマです。

乗っていただければ、今まで国産車では体験したことのないゾーンをお客様に感じていただくことができる。そこは自信がある。デザイン的にもそんなに奇はてらっていないけど、まったく破綻のない、しかもあれなりに本当に考えているんですから。

――すみません……。

金井 いや、いいんです。おっしゃる通りで、そういう、CX－5の奇をてらわない真っ当で正直なアプローチが、本当に世の中に評価されるのかということが一番の心配だったんです。

――まさにそこです。

金井 うん、そこが心配だった。CX－5が評価されなければ、一括企画ですから、この先のクルマたちの将来も危うくなる。そうなったら、自分が責任を取るしかないな、と思っていました。

ただ、正直に真っ当にやっていれば……、ちょっとこれは自分では言いにくいんだけど、王道的な、いいものはいいんだという当たり前のことをやれば、といっても、やりすぎたらこれまた「俺様は偉いんだ」みたいになって反感を買いますけれども、そうじゃなくて、本当にいいものを正直に、愚直にやった。あとは、それが受け入れられるような社会であることを信じたい、と。

いいものをいい、と受け入れる社会になるには、いいものが世の中になければならない。会社としても市民としてもそういう方向に努力していく。少なくとも自分たちはそうする。それくらいに覚悟を決める。そのほうが健全な企業であり、社会ではないか、と。

いいものを「やっぱりいい」と受け入れていただくような社会であってほしいし、その一員でありたい、くらいの気持ちは込めて、売れますようにと祈っていました。そして幸いにして、第1弾は予想以上に社会に受け入れてもらえた。

――私も自らの不明を恥じました。市場は自分の思い込みよりずっと真っ当だった。

金井 ということで、私の話もこの辺でおしまいです。

――えっ。

金井 モノ造り革新はまだ続きますが、私が仕掛けたことは、CX－5の発売まででひとまず区切りがつくかなと。この先のお話は、マツダの現場の人たちにお聞きくださいな。

――いやいや、ちょっと待ってください。

Chapter

10

マツダは顧客も熱く燃やす

「まだまだです。だってたった7年ですよ」

――まだお聞きしたいことがたくさんあります。その一つが、「ブランド」についての考え方です。5チャンネル制で拡大策を採ったとき、マツダは「『マツダ』という社名にはブランド価値がない」と判断して「ユーノス」「アンフィニ」といった販売チャンネルから、社名を隠そうとした。

金井 自分の会社の名前に誇りが持てない。ひどい施策だったと感じます。

――12年の第6世代の発売以来、マツダは自社の名前を「ブランド」として生きていく姿勢を明確にしていますよね。

金井 はい。やっぱり12年ぐらいからかな、CX－5を出すのに相前後して改めて「ブランド」って言い始めたんですが、マツダがブランドだと認めていただくためには、やっぱり開発陣も生産部隊も販売も、一貫して、「Ｚｏｏｍ－Ｚｏｏｍ」でいくんだと、ブレをなくしたわけですよ。

そもそもブランドは、企業がお客様と、あるいは社会と、どう言ったらいいんですか……「我々はこれは守ります」という、約束ですね。

――ブランドは「約束を守ること」で作られる。

金井　マツダのクルマは、走る歓び。それから、すべてのお客様に優れた環境、安全性能。一部のクルマだけを優遇し、とがらせるんじゃありません。という約束をしたんです。そして、単に、「今売っているすべてのマツダ車で、走りの歓びと優れた環境、安全性能を達成しました」と言われても、全然胸を打たないんですよね。その言葉だけでは。

――あれ？　そうですね。なぜだろう。

金井　単体でぱっと世の中に出ただけでは、言葉は心に伝わらない。一度その覚悟を決めたら、続ける覚悟もいるわけですよ。ＣＸ－５や第6世代は一代限りの打ち上げ花火じゃない。もし、やってみたら売れなかったとしても、「じゃあ、次は別の切り口を探そう」と安易に言うつもりはまったくない。この道を突き進むしか、マツダの生きる道はない。

それが見えて、やっと言葉に熱が入るんじゃないかな。
もちろん現状でも、実際のマツダ車を一台一台見ていただくと、どのクルマも今言ったことを実現していると私は思っているし、そういうクルマだけを造り続けることで、だんだんこの言葉が社内にも、それから社外の方々にも伝わってきて、「なるほど、マツダは言うだけでなくて、確かにそれだけのものを造っているな、約束を守っているな」と認識していただけるように……。

——なったんでしょうか?

まだまだ理解者はごく一握りだと思います

金井 なりつつある、のではないかと。私に言わせれば、19年現在でまだ7年ですから、たったの。

——そうか、まだ初代CX-5が出てから7年しか経っていないのか。

金井 「サステイナブル〝Zoom-Zoom〟宣言」をやったときから数えても、12年なんですよ。たったの。

――とはいえ、マツダを見る目はずいぶん変わったと思います。

金井　いえいえ、まだまだですよ。現状は、少しずつ「マツダのクルマは真っ当だ」と思う方が増えてくださっているけれど、ごく一握り。

数で言えば、100人おられたうちの10人の方が分かってくださっていたのが、15人になったぐらいじゃないかと。いや、分かりませんけど。その一握りの方々に、理解を深めていただいているとは思います。

――第6世代で、ジャーマンスリーからマツダ車に乗り換えるお客さんも増えている、という話もありますが。

金井　変化を具体的に言えば、初めてマツダにアクセスされるお客様はもちろん増えています。ですが、まだまだ少ないです。だけど、マツダを今まで「少し知っていた」方が、かなり知ってくださるようになった、あるいは、「ちょっと興味があった」方に、すごく興味を持っていただけるようになった。「クルマはどれでもいいや」と思っていた方が「やっぱりマツダがいいな」と信じていただけるようになった。先に質的な変化が起こっていて、量的にはまだなかなか。全体の数量は伸びていますが、シェアがめざましく伸びているわけではないですから。

――シェアは大きくは変わらないけれど、「安いから」買う顧客が離れて、質を評価する人が増えてきた、と。

金井 その状況が続けば、もしかしたら成長できるのかもしれない。そして、質で評価してくださる方が大勢を占めるようになったときには、マツダが競合するクルマも大きく変わります。もちろん、最初からそのつもりで世界一とぶち上げているわけですが、さらに上を目指すことになるでしょう。そのとき、マツダ車に競合優位性があるかというのは、次の大きな課題ではありますね。

人の「熱」は伝染していく

――「質の高さを評価する社会であってほしい」と先ほど言われました。そこでお聞きしますが、マツダの側から、製品について語る言葉を第6世代になってから大きく変えようとした、語り方を工夫しようとした、というところはもしかしてありませんか。というのは、前にも出ましたけれど、12年前の「サステイナブル〝Ｚｏｏｍ-Ｚｏｏｍ〟宣言」を取材に行って「難しくて何も分からなかった」と言った同僚は、「マツダの人も『お前ら、本当にこれが分からないのか』という顔でこっちを見ていた」と。

金井　そうですか（苦笑）。

――私は第6世代からマツダを取材し始めたので、印象が全然違います。インタビューのたびに「いや、まあ、ようしゃべりますな、皆さん」と思うんです。特にエンジニアの人はおしゃべり、というか、しゃべりたくてたまらない人が多い。「ぜひ聞いてってくださいよ」って、袖を引っ張られているような気がすることもあるくらい。

金井　そうですか。

――もちろん、たまたまそういう人に当たっている可能性もあります。だけど、お会いしたマツダの人からは「いっぱい考えたから、いっぱいしゃべりたいことがあるんだよ」という雰囲気を感じるんです。

金井　ああ、それは正しいね。正しい。本当、そう思う。考えた数だけしゃべることがあるんだから。

――そうなると、そのしゃべりの熱が記事にも出て、そのインタビュー記事を掲載すると、読んだ方からの反響が大きい。それも、「クルマそのものについて」だけではなく、「こんなふうに仕事をしてみたい」「こういう、楽しそうに仕事をしている人が造る会社のクルマはよさそうだね」という受け止め方をされているように思えます。開発者の熱が、言葉を通して伝播する、製品への興味をかきたてる。その熱は購入につながったり、口コミにもなるでしょう。それをマツダの方が受け止めて、また「今度はもっと驚かせてやる」と、モチベーションにつながる。そんなサイクルが回っている感じを受けます。

金井　そうですか。ありがたいですね。

「口下手でもいい、語らせよう」

――で、マツダのブランドイメージが上がっていった背景には、頼みもしないのにマツダはいいぞと語ってくれる、いわゆる「エバンジェリスト」の増加があるんじゃないですか。先ほどの、「10人が15人になっていく」過程で、マツダへの理解と愛情も深くなって、拡散力も増していく。もしかして、それも狙ってマツダは、技術者に前面に出て思いを語らせるようにした、とか？

金井　深く理解していただけるのはすごく嬉しいことですが、だから技術者に語らせるようにしたのかな。広報の人に聞かないと分かりませんが、どうなの？

同席のマツダ広報担当氏　実は心当たりはあります。広報では当時「インサイドアウト」といって、口下手でもいいから、開発者に思いのたけを語らせよう、という方針で、12年ごろから始めています。

金井　そうか。でも、技術者があまりに熱を入れて理想を語りすぎるから、「乗ってみたら言うほどじゃないじゃないか」と突っ込まれることもあるみたいですね（笑）。最近はようやく、口に中身が追いついてきた、とご評価いただけるようになってきたけど。

――ご自身の、第6世代の車両群への評価も聞きたいです。

金井　自分なりの見え方で言えば、最近というか、ここ2〜3年、「目立たないけど、マツダのペダル配置は運転しやすいんだ」「視界がいいぞ」と、地味なところを注目してくださる方が増えている。メディアでそういう取り上げ方もされるようになった。

開発者が、考えに考えて、あふれるほど言葉を持つようになったのだとしたら、それは素晴らしいことです。一方で、こっちからわーわー、わーわー言わなくても、乗っている人に思いは伝わるだろう。そうなるように、どこからどう切っても、よく考えて造ってある。CX-5以降のマツダは、そういうクルマを造ってきたはずなんです。

――そうおっしゃいますが金井さんは、私が試乗して「いいですねえ」と言うと「何を言うんですか、まだまだです。これからやることが山ほどあります」って言いますよね。

金井　モノを造るということを通して、新たな知見が蓄積されますからね。今まで見えなかった視界が開けてくる。そうなれば、これまでは気付かずにいた欠点も見えてくる。だから、やるべきことはいくらでも出てくるんです。「よく考えている」から「やるべきことがある」んです。

いつかある日、「これはいい」と思ってもらえたら上々です

――なるほど……。そういう、真っ当な努力をユーザーが理解して、評価してくれる、つまり「いいものをつくれば売れる」ということですか？

金井　いや、そんなことは思っていない。「いいものをつくらないと売れない」とは思っていますよ。

――……（またやられた、と思っている）。

金井　いいものをつくらないと売れない。でも、いいものをつくったら売れるとも思っていません。お買い上げいただくからにはいいものをつくらないといけない。じゃ、「いい

もの」って何だ。それは、よほどのことがないと気が付かないような要素、部分であるにしても、そこも精いっぱい一番いいものにしてご提供する、ということ。これが我々の矜持です。誇りです。

やってきたことがすぐお客様に伝わらなくても構わない。ずっと使っていただいて、ある日お客さんに、「これ、いいじゃん、よくできてる」というふうに発見していただく。そういうことがあれば上々なんです。買うときは全然気が付かなかったけど、雪の日にはすごくこの機能がよかった、とか。ほんの一瞬のことでもいい。

逆が困るんです。ずっと気が付かなかったけど、こんなひどいことがあったというのが。

――そんなには出てこないだろうというケースで馬脚を現すと……。

金井 ふっと愛情、信頼が失せてしまう。

――そういうのは飲食店とか、人間関係でもありますね。「ずっと付き合ってきたけれど、まさかこんな人だと思わなかった」みたいなのが。

金井 そう。だから私は、愛着が湧く商品というのは、最初ぱっと乗って、「よし、100%気に入った」というようなものじゃないと思う。そもそも、最初に乗るときなんて持ち味の半分も気が付かないんだから。

ところが、運転しているといろいろなシーンに遭遇する。それはあるときはリアゲートを開けてみるとか、ちょっとオーディオを操作してみるということかもしれない。よく考えて造ってあれば、お客様はそこで「いいね」と思う。少しずつそういう体験を繰り返せば、それは愛着の深まりになっていく。逆だったら、あれ？　あれ？　あれ？　と3回も続いたら、もうだんだん嫌になってくる。

――そうですね。本当にその通りですね。

クルマを売るほうの革新はあるか

金井　愛着が湧くというのは、人間のお付き合いと一緒で、気づかなかった美点をだんだん認識していくからでしょう。そのために、マツダは人間の動作や、体、頭の動き方などの研究から、地道にやってきたわけです。

――カーシェアリングが一定のシェアを占めそうな時代に、あえてクルマを所有する動機は、そういう愛着から生じるのかもしれません。金井さんは、クルマは所有するものであってほしいと思いますか。

金井 ほしい。でも、そういう私の思い込みで会社をリードしてはいけないと思ってきました。今はもう、責任も取れないしね（笑）。

――ブランドの話題なので少しだけ販売の話も。モノ造りの話に限って聞くという約束でしたが、ブランドの話題なので少しだけ販売の話も。マツダは、クルマ造りが変わったほどには、販売の現場の変革が進んでいないという声をよく耳にします。読者の方からも、記事にそういうご指摘を受けます。

金井 販売も、変わっていく余地がたくさんあると考えていますよ。現状が満点とは誰も思っていません。

――造るところと違って、売るほうの革新は、メーカーはディーラーさんにクルマを卸すまでが商売だから、相当難しいのではないですか。

金井 いや、今どんどんそこは突き崩そうと思っていますよ。

――もし何かそういう点で実績とか手応えとかがあれば。

金井 16年の4月だったっけな。「ＭＤＩ－Ⅱ」の担当部署を立ち上げました。モノ造りから、できたあとまでを含めたシステムです。お客様との初コンタクトから、お渡ししたあとのケア、中古車として引き取ったクルマをどうするかという、お客様を軸にしたチェーン。モノのチェーンと、お客様主体のチェーンと、これを全部つなげようとしているわけです。

―― MDI-Ⅱは、企画から生産までをデジタル化したMDIの後継プロジェクトですね。今度は、クルマのゆりかごから墓場まで全部面倒を見ようと。面白いですね。商品の魅力だけじゃなくて、クルマのコモディティ化に先手を打って、マツダの濃いファンを育成しようということですか。それで販売でもパラダイムシフトを起こそうと。

金井 コメントしません。ですから、それは私に聞いちゃいけないんですって(笑)。

―― もう1つ。「モノ造り革新」の考え方は、これからも通用するでしょうか。

金井 次の10年、その先の10年はもう自分の考えの及ぶところではありません。自動車業界には旧来の比ではない変化が訪れるだろうとは感じていますが、どうなるのかは正直申し上げて分かりません。次代を担うべき人たちが考えてくれています。

でも、長期的な理想を掲げてモノ造りをしていくことを通して、会社を変革していく方法は、いわゆるマスマーケティング、不特定多数の平均値を狙ってシェアの最大化を図る、という発想ではない分、案外、環境の変化に左右されず、これからも通用するんじゃないかな、と思います。

Chapter

11

モノ造り革新を支えた「当たり前」をやる勇気

「失敗のたびに1つずつ賢くなればいいんです」

―― ちょっと抽象的な話を。ずっとお話を聞いてきて、自分自身の疑問でもあり、読んでくださる方にも「ここが伝わらないんじゃないかな」と悩んでいたことがあるんです。

金井 ほう、何ですか。

―― 私なりに理解した「モノ造り革新」が変えた仕事のやり方で最も重要な要素は、平たく言えば「先に考えておく」こと。「PDマネジメント（61ページ）」で「考えるのが面倒くさいから、みんな走りながら考えようとする」と言われましたが、あれは、まるで自分の仕事のやりざまを見抜かれたようで驚きました。でも、「先に考えた」ことが間違っていたらどうするんだと、やっぱり心配になるじゃないですか。果たして「これで大丈夫だ」と、自信を持てるものだろうか。

金井 ああ、なるほど。

――もちろん「間違えたらそこから直せばいい」と金井さんから伺っていますし、あとから振り返ることができる仕組みもビルトインされている。でも、「いくら考えても、間違えたらそれこそムダじゃないか、ガックリくるじゃないか」と思うんですよ。みんなが「分かっていてもできない」理由に「間違える」ことへの恐怖心もあるんじゃないかと。

金井 「決める」ことが大事なのはその通りです。でも、リスクを100％予知することは無理ですよね。

――もちろん。

金井 だから、よーく考えたうえである程度の勝算があれば、100％の勝算がなくても、というか、そんなものはあり得ないんですが、決めていいんですよ。その代わり、早く決める。そして早く動く。それこそがリスクヘッジになるんです。

――考えるのは大事、だけど、ハナから完璧である必要はない。早く決めて早く実行するほうがもっと大事。そうか。揺らがない確信は行動する中で培われるんですね。

金井 「日本の経営はスピードが遅い」とよく言われますが、あれは決めるスピードのことであって、仕事のスピードが遅いわけじゃない、と僕は思うんです。中国や台湾とかシンガポールとか、アジアの企業がぐーっと伸びているのは経営者が、つまりオーナーが決めているから早い時点で動き出せる。なぜそれが重要かといえば、早く動けば先に失敗でき、早い時点で変えることができる。そう考えればいいんです。

——なるほど。

早く決めるから、早く失敗して、早く修正できる

金井　早く決めて、失敗に気が付いたら早く撤退するなり変更すればいいんです。失敗したくないからと、ぐずぐず時間をかけて決める。そうしたら途中で状況が変わっても「あれだけ時間をかけて苦労して決めたんだから変えられない」と、動けなくなってしまう。それが一番まずいんですね。

一連のスカイアクティブ技術の開発で、私が直接決定したことでも、後日「ああ、これは外したな」と気付き、「すまん、間違っていた。方針変更だ」ということはいくつもあります。例えば、パーキングブレーキ。当時普及が始まっていた電子スイッチ式の提案が

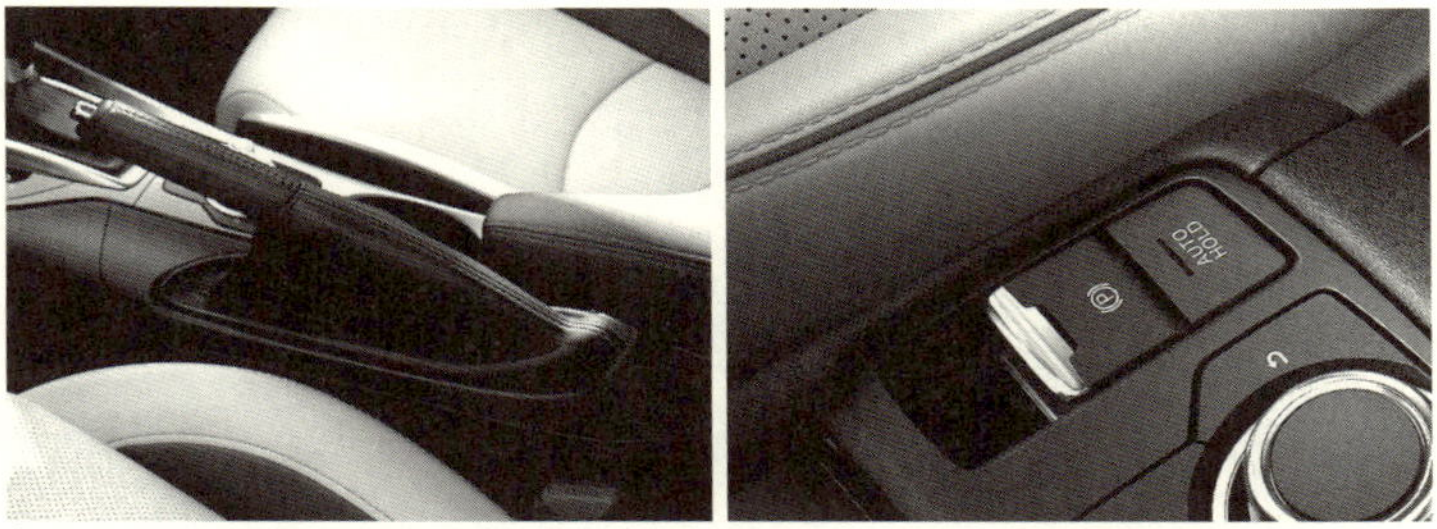

左がレバー式、右が電子スイッチ式のパーキングブレーキ

あったけれど、どうも好みじゃなくて、昔ながらのガッと引くタイプでいいだろう、と思っていたら、明らかに間違いでした。

——ガッと引くほうが頼もしくて、私も個人的には好みなんですけど……。

金井　ところが、スペース的には電子スイッチ式のほうがずっと小さいので、例えばカップホルダーの場所がひねり出せる。信頼性も問題ない。では、差し替えよう。これも全車種が相似形の「コモンアーキテクチャー」ですから、1車種だけ変えるのではなく、その新しい考え方を全車に展開して、マツダ全体の競争力を底上げできる。

　デザインでもありました。CX-5に続いて出たアテンザ（3代目）。最初は別のデザインで進んでいたんですけれど、10年にミラノで「魂動《こどう》デザイン」を発表した

10年に発表したコンセプトカー「靭(SHINARI)」。3代目アテンザ(198ページ)のモデルとなった。

ときの、靭《シナリ》（SHINARI）というコンセプトカーが、すごく評判がよかった。実際、かっこよかった。

そこで「アテンザ、もうちょっとシナらせたいよね」と、マツダの「だだっ子三人衆」が言い出した（笑）。

――だ、だだっ子三人衆。

金井 デザイナーの前田（育男氏、現常務）と、例の藤原（清志氏、現副社長）、そして毛籠（勝弘氏、現専務）。そりゃ無理だろうとこっちも最初怒ったけど、じゃあ、やるか、シナらせようとデザイナー陣をはじめ全員が頑張って、やり替えた。もちろん、その後の新世代車種群も一斉にシナらせることになりました。

だだをこねられるのも、最初に決めてあればこそ

金井　こうしたことは、同じ技術を微調整して使うコモンアーキテクチャーと、素早く設計変更・シミュレーションができるＭＤＩがあればこそですが、それ以前に、最初に全部まとめて考えて、いったん決めてあるから、一斉に方向転換ができるし、土壇場で手を打つこともできるんです。昔は個々のデザインができあがった段階で「アテンザとアクセラが似すぎているから変えろ」とか、場当たり的に言われていたわけですよ（笑）。

――もう一度まとめると「考えて、決める」ことが第一で、間違いに対しては、早い時点で決断していることが、早い時点での修正につながり、リスクヘッジになる。

金井　お話ししたスカイアクティブのエンジンでも、開発を決めてから「2年後にずっこけたのが分かるんなら、まだ間に合う」ぐらいに思っていたわけです。それでも、第6世代の量産までまだ3年残っているんですから。3年あれば従来の開発と同じ速さで、従来並みの改良はできるわけですよ。

2年経って、やっぱりこれはダメだと分かったら、そこで振りだしに戻せばいい。その代わり大したものはできませんよ。だけど、それはバックアップなんです。気分の上では

バックアップ、プランBがあるから、プランA、本命のほうでは「万一これがダメでも大丈夫なら、思い切ってやってみよう」と、大いに挑戦的な意思決定ができるわけ。

――そういうことですね。

金井 だから、「この計画が間違っていたら、失敗したら、どうしよう」なんて考えなくっていいんです。決めるのが早ければ早いほど悩まなくて済む（笑）。

早い決断に、円安という追い風が吹く

――13年3月期から黒字化し、その後「V字回復」したマツダの業績について、ずっと思っていたことがあるんですが、言っちゃっていいですか。

金井 なんでしょうか。

――グラフ（左）の通り、まさにモノ造り革新が12年2月に製品となって現れた時点から業績は回復するわけですが、一方で、為替の追い風は見逃せませんよね。

金井 その通りです。ちょうどいいタイミングで円高が一転して円安になり、追い風に乗ることができました。この成功は、明らかに幸運に支えられていると思いますよ。我々の

◉第6世代には、円安という追い風が吹いた

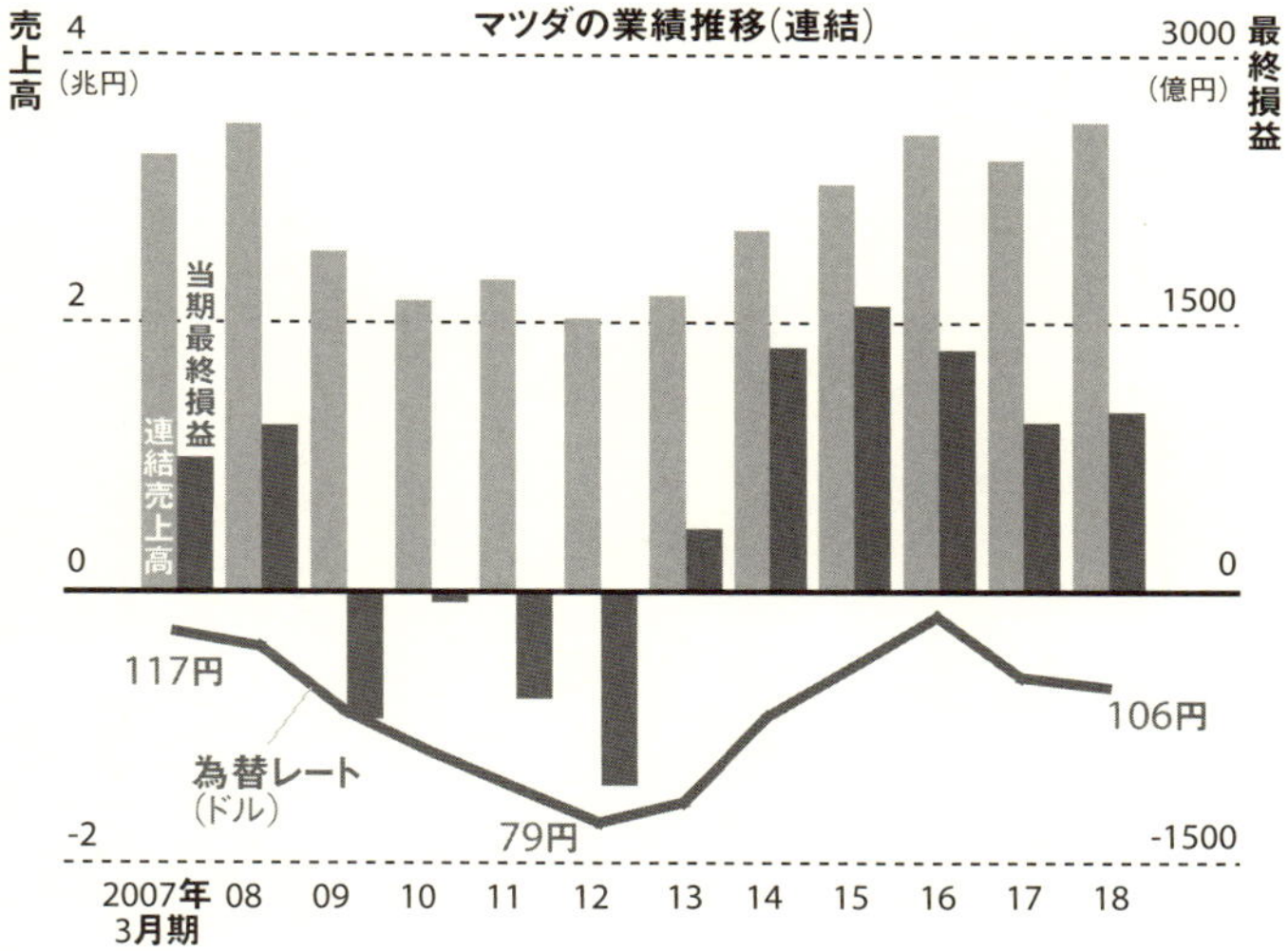

努力や実力だけでできたわけではない。運もよかった。

それで言ったら、そもそもの始まりになった中期経営計画とCFT6だって、その後、モノ造り革新が承認されたことだって、たまたまそのときの業績がすごくよかったから「先々のことも考えよう」という、余裕のあるプランが受け入れられた。

リーマンショックのタイミングが08年だったのも、ツキとしか言いようがない。モノ造り革新のスタートが、あと1年遅かったら、スカイアクティブエンジンの量産化のメドがまだ立っていなくて、「確実に勝て

ると は限らない。投資は先送りだ」となっていたでしょう。

――はい、それも確かに真実の一面です。だけど今なら分かります。「いいタイミングでスタートできて、プランも成功して、運がよかったね」という部分もあるし、「間違いを恐れず早く決めたから、早くスタートできて、大きなリスクを前にしても中断せずに続けることができた」という面もある、ということでしょう。

「誇り高くありたい」と思わない人なんて、いるの？

――で、早く決断したら、次は実行です。でも、私を含めてたいがいの人って、今やっていることがそこそこ回っていたら、「何でそれを捨てて、リスクを取らなきゃならないの」と思うはずです。さっきの私の「考えても間違えるかも、失敗するかも」という発想って、まさに、「どうせ俺たちは」という、アンダードッグ、負け犬的な考えですね。それは変えられるんだ、というのが金井さんから聞いた話の中での大きな驚きでした。「やってやるぞ、今に見てろよ」という気持ちって、誰でも持てるものなんでしょうか。

金井　どうでしょうね。他人のことは分かりません。まあ、自分自身のこともよく分からないんだけど、一つあるとしたら「この辺でいいや」とか、「よそもやっていますから」とかいう言い方は大嫌いなんだよね。そういうのが好きな人っているのかね。

――世の会社の中には、実にありふれている言葉だと思いますが。

金井 どうだろう。それは本音なのかな。私を含めて、みんな、自分自身が誇り高くありたい、と心の底では思っているんじゃないのかな。

誇り高くあるためには、気持ちだけでも負けたくないわけですよ。エンジニアにとって、まさにロマンになるんだけど、世界中で同じ仕事をしているいろいろな連中と競争しているわけですから、その中で負けたくない、一目置かれたい。どこかの国の先進技術を、はは一っと言って押しいただき、へえーっと言ってマネるばっかりのクルマ造りじゃ面白くないじゃないですか。

そういう意味では日本は欧米にすごくお世話になったわけですよね。技術を入れてきて、早い話がコピーして、不具合を起こして、市場からしっぺ返しを食らって、それをこつこつ直しながら、ノウハウとしてだんだんと積み上げ、レベルが上がって、あるところから欧米に学ぶものが減ってきた。だけど、自分たちのオリジナリティーを持ったものというのは、なかなか日本は提供できていなかった。

僕はそういう意味ではトヨタさんのハイブリッド技術はものすごく素晴らしいと思う。もちろんカンバン方式とか、さまざまな工夫も。世界初の、日本が考えたものが世界のクルマに生きていった。これは誇らしいことだ。我が社のロータリーエンジンも、そういう意味じゃ、ちょっと素晴らしいと。

――そこは「ちょっと」でいいんですか。

金井 ル・マン24時間というレースでは世界一になりましたが、エンジンとしては世界を制覇するものにはならなかったので。ちょっと席巻したけど制覇はしなかった。

――ちょっと席巻（笑）。ロータリーにはまだこれから先もあるようですが。

金井 そうそう。そこは何も言えないけど。

――でも確かに、「こんなもんだ」と言う人はいても、自ら「負けたいんだ」と言う人はいませんね。

金井 モノ造り革新の始まり（174ページ）のところでも言いましたが、自分が弱い、と認めることはいいんですよ。正しい。だけど、そこで「だから、どうせ」となったら、それは誇りを捨てることになる。「今に見ていろ」と考えているなら、その人は誇りを持っている。

ただね、「今に見とれ」と思っていても、コスト目標が厳しいとか、工場の設備をがらっと変えないといけないから、とかの理由で「よそはできるけど、うちはできない」とか、そんなことをぐずぐず言っている連中はいるわけですよ。だったら、制約を全部取ったらできるんだろうと迫ると、「やった、待ってたぜ！」と言ってがーっと出てくるやつと、「いやいやいや……」と次の言いわけを考えるやつとがいるんだけどね（笑）。

「言いわけこそが、制約条件なのです」

―― 考えてみると、金井さんの「制約を外せ」というのは、その人の誇り、プライドに対する挑戦なんですね。「君は、制約を外してあげても、世界一になりたくないの、負け犬でいていいの、三流と言われていいの、じゃあ君はなにかやりたいことがあるの」ということ。自由を約束するようで、実は厳しい問いを突き付けている。

金井 そう言われて出したものに対して「まだ志が低い」とか言われたらね（笑）。

―― さらに厳しい（笑）。志が低い、って、頭が悪い、能力が低いと言われるより効きますね。ぐさっときます。

金井　頭が悪いとか、能力にケチをつける言い方はダメ……たまにはしますけどね。志が低いというのはよく言いました。

目標が低いとか、期待した数値に届かない、となったら、たいていは言いわけが始まるわけです。そして、その言いわけこそが制約条件でしょう。ぎりぎり議論を詰めていくと、実は問題は外部の制約じゃなくて、「一生懸命やったけど、自分たちはここが分かってないんだ」ということが分かる。分かってないことが分かるというのは大進歩ですよ。何が分かってないかが分かってないのが普通なんですから。すごいことです。そうしたら次は、その穴を埋めていけばいい。何をやればいいのか、もう分かっている。

クルマの発売日、主査はもう後悔している

金井　クルマだってそうです。新型車が出た日、そのクルマの主査は満足感に浸っているか。とんでもない。「ああ、あそこを直したい、ここも何とかしたい」と思っている。一生懸命やったから、エンジニアとしてのレベルが上がって、それまで見えなかったところが見えてくる。だから、やりたいこと、やるべきことはいつまでも残る。これは「手戻り」

とは違う、成長の結果なんですよね。

――その意味では、志を持って挑むなら、成功しても悔いは必ず残るし、失敗することも悪いことじゃない。

金井 そうなんです。クリエーティブな活動は、前に言った通り二律背反を乗り越えること。だからその達成には、一見、ムダな失敗がものすごくたくさんないといけないんだよね。それで「ああ、これが分からなかったのか」と気が付くんだから。

クリエーティブな活動をしている最中に「ムダをなくせ」とやったら、それこそ萎縮して、アイデアも出なくなる。でも、試作を際限なくやっていたら時間もコストも大変。だから、先にMDIに投資をして、試作品なしである程度検証できるようにした。

失敗を恐れるどころか、失敗をしないといけないんですよ。特に新しい技術に挑戦するとか、人と人との接点に立つ仕事というのは、やはり失敗、失敗、失敗が必須です。失敗をムダだと言うと萎縮してしまって、低い階段しか上らなくなる。高い階段を上ろうと思ったら、やっぱり失敗も経験する必要がある。

――要は、同じ失敗を繰り返さなければいいんだと。

金井 いや、そこで、「同じ失敗を二度と繰り返さない」なんていうことを言うと、これはダメですね。少しずつ状況が変わるから、似て見えるけれど違う失敗も何度も繰り返すのが実際のところですよ。その失敗1つごとにちょっと賢くなればいいんです。

失敗はざっくり2通り

金井 実は、開発プロセスを、ルールを決めてがちがちにやろうとしたことがあるんです。きちっと定義して、リポート形式を作ってと。ところが、できた途端に使えなくなるんです。

――なぜですか。

金井 変化についていけないんです。そのときそのときによって、つくるものが違う、時代も違う、競争相手も変わっていく。ルールやプロセスの見直しが頻繁に発生しすぎて、どうかすると、見直し方を見直す必要がある。そうすると、今の時代、あんまりがちがちのマニュアルを作るというのは、それこそムダという気がしますね。むしろ「失敗してもその影響が最小限に抑えられる」方向で考えるのが、いいんじゃないですか。

――ちなみに、ご自身が現役時代に経験した一番ひどい失敗ってどんなことですか。

金井　つまらない失敗でいったら、ホースを通すレイアウト図を描いた。そこから図面に下ろしたときに、第1角法と第3角法を間違って、曲げる向きが完全に裏返しになった。試作段階で「おい、金井、お前の図面じゃ組めないぞ」と言われました。これは学びにも何にもならない、やってはいけないミス。

もうちょっと大きなものでいうと、某車の足回りを設計したときに、前の成功したクルマを一応踏襲しながら、「こうしたら、もっとこれこれの性能がよくなるだろう」と思ってやったら、予期しない別の性能ががたがたになって。それが世の中に出てしまいました。あれは大失敗だった。ああ、そんなことを聞かれたからどんどん思い出してしまった。不具合をいっぱい出した部品を設計した、その元凶になったこともありますね。

――金井さんご自身の「失敗観」はどんなものでしょう。失敗というものをどう受け止めて、どう立て直すのか、教えていただけませんか。

金井　まあ、普通だと思いますよ。失敗したからといって会社がつぶれるほどのこともないだろうし、自分が殺されることもない、クビになることもない。周りがその失敗をした人間に対してどう評価するか、ということには波及してくるわけだけれども。

――そこをどう考えるんでしょう。

金井　ちょうどこの前、思い付いたんだ。失敗には大きく見てたぶん2種類あるんですよ。「意図した失敗」と、「不注意の失敗」とでもいうのかな。失敗するかも分からん、でもやってみようという失敗。もう1つは大してそんな意識もなく、「あちゃー」という失敗。例えばレースの途中で、相手のインを抜いてやろうと突っ込んだらクラッシュしちゃった、というのは、もちろん状況によるけど、単なるドライビングミスとは違うじゃないですか。

――そうですね。佐藤琢磨選手言うところの「ノーアタック、ノーチャンス」。

金井　発明王エジソンのセリフとされる言葉で、「エジソンは700回失敗したと人は言うけれど、私は失敗してない、うまくいかないやり方を700個見つけたんだ」というのがありますよね。格好いいよね。そういうふうに考えるのもいいんじゃないか。

――「失敗」という言葉も、よく考えるといろいろなケースがあるわけですね。決めないと失敗すらできない。考えて失敗するなら、何が分からないかが分かる。でも、考えずにやらかした失敗は単なる手戻り、という。

金井　だから、考えて失敗したのか、考えなしに失敗したのか、言葉を分けたほうが本当はいいんだろうね。「日本語じゃダメだ、英語で何かないか」と思ったんだけど、いまだにいい言葉が見つけられない（笑）。

――でも、意図してやって、挑戦して、それでしくじったのを手ひどくやっつけられると本当にへこみますよね。

金井 それはやっつけちゃいけない。だからこそ、早く失敗させることが大事。早く決めて「よし、やれ」と言ってあげる。そうすれば失敗も早く見つかるから、そのときにリセットしてもまだ間に合う。担当した人間は時間をロスしますけど、それでも賢くはなるからね。

マツダがやっていることは「当たり前」

――改めて考えると、「モノ造り革新」は、いわゆる「常識」を「合理性」でがんがん覆しているように思える一方で、実行の際にやっていることは、状況を共有し、理解者を広げ、何より、時間とコストを掛けて順序よく、丁寧にステップを踏んでいる。なんというか、ものすごく……。

金井 ものすごく？

――「当たり前」のことをやっている。実行に必要なことはこれこれだね、と考えて、それを準備してからやっている。生き残るための目標を掲げ、決定し、そのためにリソースが足りないなら、優先度の低いものを外してそこから持ってくる。これって、とっても当たり前です。

金井　もちろん、そうですよ。ＩＴ系やベンチャー企業は急激な変化を繰り返すことこそが生命線なのでしょうし、それが世の中すべての企業の常識みたいに言われることもありますよね。だから、バッタのようにぴょーんと跳ぶ変革と、芋虫のようにちまちま進む改善があるとしたら、バッタ変革のほうが目立つし、意義があるように見える。でも、バッタ変革を全員がやり始めたら、会社はがたがたになりますよ。バッタを１つやって、あとは芋虫を１００ぐらいやっている、そのくらいがほどよいバランスじゃないかな。

変革にはバッタと芋虫、両方が必要

金井　ＩＴ系は革新の頻度や影響が大きいから、芋虫だけではきついかも分からんですよね。でも、大勢が働く会社では、バッタばっかり見つけてきて「とにかく跳べばいいんだ」というのでは、うまくいかないと思いますよ。

──「何でも世界初ならいい」という往事のマツダに、そういうところがあったのかもしれません。

金井 世界一はバッタにならなくても、芋虫でも到達できるんです。目標を、志を高く持つことさえ怠らなければ、ベンチマークで、世界の一流を調べて、正しく勉強して、キャッチアップできれば、世界の一流になれるんですよ。それ以上のオリジナルアイデアが出れば世界一。出なかったら、一流をやってくれ、なんです。

──芋虫でも一流になれるし、世界一になれるかもしれない。

金井 モノ造り革新のときは「ただし、エンジンはそれじゃ許さんぞ」と。誰もやったことのない技術を入れてくれと言ったわけです。エンジンはモデルチェンジが頻繁にはできない。長い期間使いますので、余裕を持って世界一になってほしかった。モノ造り革新のいの一番だし、ここだけはバッタとして跳んでもらわないと。

──結果として、エンジンはマツダの変革の象徴として見事に大ジャンプした。その印象が鮮烈で、「大変革したマツダは、バッタのように跳んだんだ」と思い込んでいました。

金井 業務の変革にはバッタと芋虫、両方いるものなんよ。「みんなが今やっていることを、もっときちっとやりましょう。きちっと仕事をしてもらうために、必要な体制を作りましょう」という側面と、「みんながやらないことを、自分はあえてやる」が同時にある。どっちか片方だけではうまくいくわけがないですよ。何十万という人がマツダを支えているわけです。バッタばっかりやっていたら、2年ぐらいで機能不全を起こしてつぶれるんじゃないですか。

——『嫌われる勇気』というベストセラーがありましたけど、この長いインタビュー、そしてモノ造り革新が成功した理由を一言でまとめると「当たり前をやる勇気」です。

理屈で、合理的に考えることはもしかしたら訓練で誰にでもできるのかもしれない。だけど、その合理的な、「なるほど、世の中や社内の〝常識〟とは違うけれど、それはもっともだ」という意見や方針が、なかなか口に出せない。出しても認められない、と萎縮しているから、おかしな閉塞感が漂う。そんな時代だから、そこをやってのけたマツダが、そのマツダの造ったクルマが、気になってくるんじゃないでしょうか。「自分が当たり前に考えて正しいことは、やっぱり正しいんじゃないか」と思える勇気が欲しくて。

金井　そうだとしたらありがたいし、嬉しいですね。なんといってもウチのクルマは「Be a driver」で「Zoom-Zoom」ですから。

証言
藤原清志副社長に聞く
革新の舞台裏

「高い目標を掲げる覚悟はあるか?」

金井氏に聞いてきた話が他の人からはどう見えていたのかを、藤原清志副社長に語ってもらおう。藤原氏は２００５年から「ＣＦＴ（クロス・ファンクショナル・チーム）６」で、商品企画のリーダーとして金井氏のチームに入り「モノ造り革新」の基本構想をまとめ、「ＳＫＹＡＣＴＩＶ（スカイアクティブ）」エンジン搭載を前提とした第６世代の車両群を企画、さらに07年に、そのエンジンを実際に開発・量産する使命を受けて、未経験の「パワートレイン（ＰＴ）開発本部」に本部長として落下傘降下した。

藤原氏はＰＴ開発部門の先行開発部門でくすぶっていた人見光夫氏（現シニアイノベーションフェロー）を見いだし、彼をリーダーとして起用。人見氏らの尽力で前代未聞の高

藤原清志・マツダ副社長　（写真：高橋 満＝ブリッジマン）

圧縮ガソリンエンジンと、低圧縮ディーゼルエンジン、（SKYACTIV-G、D）の開発・量産が実現し、モノ造り革新の成功につながった。

――藤原さんの講演やインタビューで語られるモノ造り革新が始まったころのお話や、人見さんとの出会いはどれも大変面白いです。「これで行きましょう」と金井さんにプランを持っていくと「志が低い！」と叩き返された話とか。

藤原　「志が低い！」ありましたね（笑）。デミオ2代目の失敗の責任を取りたいと申し出たときに、すこし充電してこいと言われて、02年からマツダモーターヨーロッパ

GmbHに行っていたんですけれど、金井さん、金澤（啓隆）さん、丸本（明・現社長）さんら、当時の開発トップ3人から「長期戦略を立てる仕事をやれ」と言われて、05年に帰ってきたんです。

金井氏に「ばか」と一喝される

藤原　なので、帰国当初の私はヨーロッパかぶれしていた。当時は、ドイツのフォルクスワーゲン（VW）が火を付けた「ダウンサイジングターボ（小排気量のエンジンにターボチャージャーを組み合わせたエンジン）」と、「DSG（Dual Clutch Gear Box、トランスミッションの一種）」の組み合わせに完全にやられてました。細かい車名は忘れましたが、アウディの、何だっけ、RSか何かに乗って「これだ、これしかない」って思って。

――ダウンサイジングとDSGは確かに一世を風靡しました。

藤原　「金井さん、マツダもダウンサイジングとDSGしかないですよ」と言ったら、「ばか」と言われてね（笑）。

――なぜ言われたんでしょう。

藤原　一つは、ダウンサイジングはターボ（過給器。大量の空気をエンジンに押し込んで燃費の向上や出力アップを目指す）という高価で重い部品が別付けになるから、価格や重量で不利。もう一つは、燃費の計測ルールに沿って開発されたきらいがある。実際のクルマの使い方だと、そんなにメリットがなさそうだというのがもう一つ。ＤＳＧも複雑で重く、高価なユニットです。

でも何より「他社がすでに量産まで始めたものをそのまま追いかけて世界一になれるか、志が低い！」ということでしょうね。実際、ダウンサイジングは人見さんが当時すでに研究していて、あとで聞いたら「やる気になればいつでもやれますが、大して面白くないですよ」と言っていた（笑）。

――今回は、当時「モノ造り革新」を金井さんのもとで進めていた立場で、どう考えていらしたのかを聞かせてください。まずＣＦＴ６について。これは取材を通して生まれた疑問なのですが、そもそもＣＦＴは、「モノ造り革新」のようなガチンコかつアバンギャルドな経営計画を出すことを、期待されていたんでしょうか。そこまでシリアスな議論や提案は、求められていなかったんじゃないでしょうか。

藤原　いや、我々は極めてシリアスにやっておりましたよ。

――聞き方が悪かったです。モノ造り革新の素案をまとめたＣＦＴ６は、その名の通り6番目のチームですよね。たしか12のチームの中の一つ。ＣＦＴ６以外の、他のチームは、6ほどシリアスにやっていなかったんじゃないですか。

フォードの経営企画とぶつかる

藤原　ああ、そういう意味からすると、ＣＦＴ６は非常に真剣に、シリアスにやっていましたけど、そのほかは誰も我々ほどシリアスじゃなかった（笑）。

――やはり（笑）。他チームが真剣に仕事をしていなかった、という意味ではなくて、金井さんが率いたＣＦＴ６だけが、ごーっと暴走しちゃったような気がするなと。

藤原　そうです。それは事実です。だからＣＦＴが作ったプランで残ったのは６のものだけです。

――となれば当時、あのプランには異論も出たと思うのですが。

藤原　ＣＦＴ０か、１だったか、フォードから来た経営企画の人が率いたチームが我々の結論に対して「これはおかしい」と言ってきました。

――フォードの発想はアマング・ザ・リーダーだから。

藤原　そこはぶつかり合いました。相当説明しましたけどね。

――折伏できましたか。

藤原　いや、しきれないうちに彼が異動していなくなって（笑）。

――そして、06年の経営会議で、スカイアクティブエンジンの開発などを含めた「技術総計」のプランがオーソライズされますね。こんな大きな話が、よくまあ簡単に決まったなと思うんですけど。

藤原　えっ。全然簡単じゃないですよ。簡単じゃないです（笑）。

――でもざっくり1年間で、従来の方針からの大転換が決まったんですよね。

藤原　私が05年の5月に帰ってきて、すぐ担当させられて、たぶん1年半ぐらいだから、そのぐらいだろうね。06年に海外駐在から帰国した人は「どうなってるんですか、まるで嵐の中ですよ」と言っていたな（笑）。

――その急激な嵐が起こった、起こせたのはなぜだと思われますか。

藤原　05年って最高益なんですよ、あの当時。営業利益１２３４億円、今でも金額を覚えている。だけど、利益を得たのってほとんどヨーロッパなんです。マツダにとっては為替(ユーロ高)がよかったんですね。

——でも、もうすぐユーロ圏で燃費規制が始まる。

藤原 そう。企業平均燃費規制が始まる。このままでいくと、たぶんヨーロッパの利益がなくなる。自分は、何とかその燃費規制を超えるものを作らなくちゃいけないという強い思いを持って帰ってきたんです、ヨーロッパから。だから、そういう意味では改革への強いモチベーションはありました。

「親会社からの分離も視野に入れておけ」

——それは藤原さんご自身の動機ですよね。社内全体ではいかがでしょう。最高益を出した自信を背景に「株式の33・4%を握るフォードの制約から出たい、そのためには、独り立ちしてもやっていけるプランが必要だ」という思いも強かったのではないですか。そこにCFT6のプランがぴたりとはまった。

藤原 計画に承認を得る過程では、「フォードからの分離も視野に入れておけ」と何人かの取締役から指示があったことは覚えています。

そういう〝追い風〟も確かにありましたが、開発のほうから言うと、切実な問題として「フォードとのプラットフォーム共用化がうまくいかない」ことが大きかったですね。05年というのは、02年に2代目のデミオを出して、03年に初代のアクセラを出して、「フォードとのプラットフォームの共通化」の答えが見えてきたころなんです。

――なるほど。フォード傘下にいるメリットとデメリットが、クルマの収益性や評判というかたちで、マツダの社員に広く共有された時期だった。

藤原　「今のやり方で、このままフォードとやっていって本当にいいんだろうか」という。その話とヨーロッパの燃費規制の話があって、どういうクルマの造り方、開発の仕方をしなくちゃいけないのかという問題意識が高まり、そこがちょうどCFT6が始まった時期に重なっています。

――さっき「失敗の責任」と言われましたが、初代アクセラや2代目デミオは、結構うまくいったんじゃなかったですか。2代目デミオは藤原さんが主査でしたよね。

藤原　ええと、うまくいってないです（笑）。いったように見えてはいると思うんですけど、やっぱりコストは非常に高くなったんです。本当は、フォードグループ内でプラットフォームを共通化するとコストが安くなるはずなんですけど、ならなかったんですよ。部品をまとめて大量に造って安くあげても、日本、ヨーロッパ、米国で組み立てるとなると、大きな重たい部品、例えばブレーキのドラムとか、ディスクとかは輸送コストが掛かって、それぞれのエリアで作っても変わらないか、そっちのほうが安いんです。重たくてかさばって、あまり部品代が高くない物をわざわざ輸送しても、計算は合わない。この辺はスマホとか、電子製品とクルマが大きく異なる点です。

まして大きなボディーパネルは、プラットフォームは、アンダーフロアはどうするのといったら、でかすぎて重すぎて運べないから、なんのことはない、結局その地域で作るわけですよ。「プラットフォームの共通化」って、理屈としては美しいけれど、本当に得策なのか、という話が当時は社内で盛り上がっていました。

フォード傘下の会社は、みな似たことを考えていた

藤原　そこから、部品は変わってもアーキテクチャーを一緒にすれば、設計、開発の負荷を減らせるじゃんという話になっていくんです。がっちり考えるところは一つにしましょ

う、ただし、その「一つ」は、もうとにかく業界他社の皆さんよりもダントツの質の高いものを作っていきましょう。そこに集中的に人を付けましょう、というのが、我々の当時の意識でした。

――なるほど。金井さんからも同じお話を伺いました。

藤原　マツダが独自に考えたことではありますが、たぶんそれって、あの当時フォードの傘の下にいた人たちって、みんな感じているんですよ、実は。ボルボもジャガーも。「このまま本当にフォードと一緒にプラットフォームの共通化をやっていて、生きていけるんだろうか、ブランドとして残っていけるんだろうか」という恐怖心が、たぶんみんなあったと思う。

だから、奇しくもボルボと考えていることはかなり共通しているんですよ。我々は「一括企画」といっていますけど、彼らはたしかスケーラブル・プロダクト・アーキテクチャーという言い方をしていたかな、言葉は忘れましたが。エンジンのアーキテクチャーの共通化と、プラットフォームを基本的に1つにすると。お互いに話はしていないけれど、とても似た思考に辿り着いたなと思いました。

――フォードという大企業の思考の「壁」に直面したことで、相対的に小さな企業は、それこそ相似形の解答を見つけたのですね。

藤原　これも金井から聞いたと思いますが、フォードのやり方だと、エンジニアが複数のクルマの開発を掛け持ちすることもできなくなる。1車種ごとに張り付きになって、フォードと共用のプラットフォームの開発を彼らと一緒にやって、そこからアクセラとデミオを造って、さらにSUVをやらなくちゃいけない、という話も出てくる。

儲からない上に手が足りない。みんなが「大変だ、こんなになったらまた80年代後半のバブル期みたいになってしまう」と……。

――「これ、かつて来た道に、真っしぐらじゃないか」と。

藤原　そうそう。今、本当に何かをしないと、例えば「SUVを造らないとやばい」という時代になっても対応する余力がないじゃないか。エンジンはエンジンで相当なことを頑張らなくちゃいけないし、CO2をクリアしようと思うと、エンジンだけじゃだめだよね、トランスミッションもやらなくちゃ、軽量化もしなくちゃいけないという。

やりたい技術開発がたくさんあって、やらなくちゃいけない商品もたくさんあって、「じゃあ、どうやってこれを我々の今の陣容の中でこなすの」と、もう切羽詰まった状態の最中に、CFT6が立ち上がったと理解してください。ただ、今みたいに筋道立てて説明さ

（写真：高橋 満＝ブリッジマン）

れたわけじゃないんだよね、あのとき金井さんと、仕事をしながら気付いていったんだよね。

金井さんからは「世界で一番になれ」とか、「高いビジョン」「ストライクを投げろ、インコース高めの剛速球だ」とかどやされて、「ああ、金井さんは……いいよなあ」とか言いながら（笑）。

――言うのは楽だよなと（笑）。

藤原　いやいや、正しいんです。正しいんです、すごく正しいんですけど、さあ、どうするかという課題だけは、常に目の前にいっぱいありましたね。

――ところで、おそらく藤原さんは、社内でもいち早く一括企画やコモンアーキテクチャーの考え方を理解した方ですよね。もしかしたら一番の理解者。

藤原　かもしれない。

「コモンアーキテクチャー、よう言いませんでした」

――モノ造り革新の中でも、最も理解しにくいのがコモンアーキテクチャーの概念だと思うんですが、ほかの人にこれを伝えていくときって、苦労されませんでしたか。

藤原　あのときね、コモンアーキテクチャーってよう言いませんでした。

――よう言いませんでしたか。

藤原　この言葉を見つけられませんでした。だから、あのときはたぶん編集設計とか、モジュール化とか、今のフォルクスワーゲンがやっている……。

――はいはい、MQB（「Modulare Quer Baukasten」の頭文字で、英語にすると「Modular Transverse Matrix」）。

藤原　MQBとか、当初は、マツダもああいう発想に近かった時期があるんです。

――モジュール化の思考を一度踏んではいるんですね。経緯を教えてください。

藤原　まず、モジュール化も編集設計も、今フォードとやっていることと結局は一緒だよね、ということに気付きまして。編集設計って、同じ部品でサイズが違うものをコピペで伸ばしたり縮めたりするだけだし、モジュール化は共通の部品を作ってたくさんのクルマで使い回すことで、設計や生産の効率を上げ、コストを減らそうという話で。

マツダの議論は、「リソースのない我々にとって、魅力的なラインアップを構築するために一番大事なのは、開発工数だよね」という方向にまとまっていきました。「つまり、開発の効率化だ」と。では、開発を効率化するには何が一番大事か。

「例えば、主要な部品のCAE（コンピューター上での試作・実験）のモデルがどの車種でも一緒になったら、すごく楽だよね」と。クルマのサイズが違っても、変数を変えるだけで対応できたらなあ。いちいち実験をやりなおす時間もコストもなくなるし。

そこから「そうか、部品の共通化より、部品が生み出す特性を合わせる。そのために設計思想、アーキテクチャーを合わせる。このほうが最終的な開発の効率が上がるんだ」という話になって、構造体の設計の考え方＝アーキテクチャーを合わせる、という流れです。

――目に見えない「考え方」を全車種で合わせる。だから理解しにくいんですよね。

藤原　エンジンで言うと、実は「アーキテクチャー」という、形あるものを思わせる言葉よりも、ずばり「燃焼の波形を合わせる」といったほうが分かりがいいんですけどね。

一方で、衝突（ボディー設計の、衝突対策のこと）はボディーの構造体を同じようにしたほうが、衝突したときのシミュレーションが、もう、すべて同じものが使える。ちょっと板厚を変えるだけで性能を変えられる。こちらはアーキテクチャーという言葉がハマる。

整理すれば、一番最初に特性があって、次にその特性を実現する手段があって、それが構造だったり、化学変化だったりする。ということだと思うんですね。

もうすこし言うと、燃焼の波形というのがまさにそれですが、「一番分かりにくいやつをとにかく合わせよう」と。そこを合わせたら、あとは分かりやすいのしかないんだから、楽に仕事ができるじゃないかという。「一番ワケの分からんものの特性を合わせたほうがいい」という発想だと思うんです。

―― うーむ、その解釈は初めて聞きました。

藤原 と、総称としてコモンアーキテクチャーといっていますが、特性が同じ場合もあれば、物理的な形状がコモンな場合もある。言い方を、そのモノによっては変えなくちゃいけないという状態にはなってしまいましたけど。

―― とはいえ、アーキテクチャーって設計思想を示す言葉でもあり、構造そのものを示す言葉でもあり、うまいですよね。

藤原　そうですね。だから最初は、コモンセットとかいっていたけど、結局はアーキテクチャーだよねという話になったんです。

バックアッププランは、実は存在しなかった

――改めて振り返っていただいて、大胆な「モノ造り革新」が実行された当時の社内の気分はどうだったんでしょう。金井さんは「代案がなかった」と言いますけれど「これしかないからしょうがないか」というような雰囲気もあったのでしょうか。

藤原　今から考えると……どう言ったらいいですかね。

――金井さんはエンジンの開発を例に「失敗しても2年の余裕はあるし、ダメでも〝世界一と同等〟まではいける」と言っていました。保険が掛けてあるから乗りやすかった、ということかと思います。でも、よく考えると、モノ造り革新が額面通りで成功しなければ、マツダが自立して生き残る確率は明らかに下がる。だとすると、それはバックアップというより、緊急避難計画みたいなプランではないかと。

藤原　ええ、正直に言えば本当の意味での「バックアッププラン」や「プランB」はなかったです。本当は怖くてそんなことできないはずなんですけど、あの当時は何かもう、バックアップだとか、フォールバックの案とかって何もなかった。そういうリスクを考える余裕もなく、とにかく何かしないと近未来に生き残れない、という気持ちが先でした。

――そこまでの強烈な危機感は、でも藤原さん個人のものですよね。全社で共有されていたわけでもないようですが。

藤原　CFT6以外はそれほどでもなかったと思います。CFT6はどうしても、開発のチームなので、先々を見るじゃないですか。だから数年先にすごく大きな壁があることに気付く。でも、普通に目の前の仕事をしていると、ぼんやり霞んでいて見えない。「なんとなく雲行きが怪しい」くらいでしょう。CFT6チームが一番危機感があったので、対応策を提案できて、それをやらざるを得ないよなとみんなが思い始めた、と。ただ、どのぐらいの大変さかというのは当時はまだ誰も分かっていなかった（笑）。

――そしてモノ造り革新は「仕事のやり方の全取っ換え」で。

藤原　全取っ換えですね。確かに。第6世代が出る前に、スカイアクティブのエンジンだけを載せたデミオ（3代目）が出ますが、結局、エンジンはできていたけどフルスペックでは載せられなかった。重要な排気系の部分がスカイアクティブ専用設計ではない3代目デミオには積めない。車体から根こそぎ換えないとこのエンジンはその性能をフルに発揮できないんです。象徴的な話ですね。

現場はなにゆえ踏ん張れたのか

――で、一般論になりますが、どんな仕事にしたって、何らかの既得権益が発生しますし、そもそも、今のやり方を捨てたくない、変えたくないと思うのが、人情といえば人情です。

藤原　そうです。その通りです（笑）。

――経営側が「モノ造り革新」を承認したとしても、よくまあ、現場がそれに応えて「仕事のやり方の全取っ換え」を踏ん張ったものだなあ、と思うのですが。

藤原　このエンジンを成立させるために、車体の側も変えざるを得なかったし、トランスミッションも変えざるを得なかった。「環境対応、燃費に優れ、走りも楽しいエンジン」を中心に、一括企画を考え、商品にしようとしたときに、それを積むために他の全ても変えた、変わらざるを得なかった、という言い方もできますかね。やるしかない状況だった。金井さんの説明とはちょっと違うかもしれんけど。

――一番競争力のコアになる部分を変えたと。変えたけどこのままだと載らへんねんと。

藤原 そうです。

――じゃあ、勝つためには結局、全部作り替えるしかないやんけ……って、何か騙されているみたいな。

藤原 いやいや(笑)。そこはうまく考えていて、スカイアクティブエンジンを載せることによって、デザインもプロポーションもよくなり、ずっとやりたかったドライブポジションもよくなり……というのに全部つながっていくものにはしていったんです。

――ということは、「ここでエンジンを載せるために頑張れば、俺たちがやりたかったことも実現できる」と、周りを巻き込みやすくしてあった、とか。

藤原 いや、それはあまり言ってないです。そういう言い方をすると、「あいつは自分のやりたいことを通すための言いわけで言っている」と誤解されるので。

もちろん、みんな、あらゆる部署で仕事のやり方を変えて、それぞれが世界一を目指して取り組んだんですよ。その中で私は、「このエンジンの競争力をどこまで上げるか。それが勝負のカギ」という意識で進めてきました。人によっていろいろな世界一を目指したと思いますが、私はエンジンがコケたらみなコケる、と感じて、そうしてきた。

――すべてのロジックの基本、人見さんがよくボウリングに例えていうところの「問題解決の1番ピン」は、「スカイアクティブエンジンの搭載」だと。なのに、そこがイマイチになったらどうにも勝ち目がない。いろいろ文句もあるけれど、この掲げた高い目標を完遂するしかない……。

藤原　そこですね。そこが、経営が、現場がどうしてモノ造り革新をやり抜けたかの理由につながるかもしれません。

――どういうことでしょう？

藤原　大事なのは、たぶん、目標設定のやり方なんです。我々はマツダのクルマの10年先を決める「一括企画」を考えるときに、中核のエンジンでは、トルクが20％アップ、燃費が25％アップというふうに、従来と全然違うレベルの目標を設定しました。

普通だったら、従来比3％とか5％改善ですから、こんな性能向上が実現したら競争力がダントツになっちゃうわけですよ。「それが第6世代の最大の売りです。これをやっていくための本当に御旗なんです。ですよね、皆さんもそれに同意しますよね。だったらなんとしてもやり抜きましょう。リーマンショック、タイの大洪水、状況は厳しくなる一方、だったらなおさら、これをやりきらないと生き残れません」。つまり目標が高いから「やり遂げれば勝てる」と信じることができるんですね。

――……なるほど。目標の方向も重要だけど、高さも重要。

一括企画の最大の特徴は、目標の高さにある

藤原 そうなんです。10年後を考えるという意味では、一括企画的な経営計画は世の中に山ほどあると思いますが、一括企画の肝は「高さ」です。「将来10年先はこうなっています、ですので、ここまでの性能を実現しましょう、そのためにはこれこれをやりましょう」という、「勝てる目標」と、そこからのバックキャスティングです。

――これなら勝てる、と確信できる目標……。

藤原 将来予測だけなら、コンサルティング会社に任せるほうがもしかしたら正確かもしれません。でも、その分、高い目標は設定できないんですよ。

――なぜですか?

藤原　コンサルティング会社っていろいろな情報をたくさん集めるじゃないですか。集めると現状に縛られて、書けなくなるんです。

――現実から敷衍してしまう。目的、目標から逆算するのではなく。

藤原　うん、「御社はいまここのラインにいます、だから、ここを目指しましょう」と、現状とは全然違うレベルの目標を書く。それは絶対に、第三者のコンサルティング会社では、できないんです。

目標は、自らやる人たちが、ちゃんと意図して作らないといけないんです。それも「挑戦して到達できる」という目算があり、その中でぎりぎり高い目標でないといけない。そこなんですよね。そこができるかどうかなんです。

――「これで俺たちは死ぬほど苦労するんだろうな」と思いながら「でも、やれたら勝てる」と思って、計算と覚悟で数字を出す。

藤原　そう、そういう計算と覚悟がなければ、現実味と高さが両立した目標は出せません。金井が、ロマンと言いつつ「志が低い」「やりたいことは本当にそれなのか」「技術者として悔いはないのか」と迫ってくることが、そこでつながりますね。

3代目デミオにスカイアクティブエンジンを積むときも「リッター30㎞の燃費はちょっ

と無理？　お前、何言っているんだよ、お前らのエンジンでハイブリッドに勝てよ、世界一だよ」と言って（笑）。無理とかそんな甘いこと言っちゃあかんという、そこの志の高さだけはあの人が一番ですよ。そして、それをやらないとたぶん一括企画は成立しないんです。勝てない目標で妥協してしまうんです。

——なるほど。お前ら、負け犬でいいのか。技術者として「あっ」と言わせるなら、世界一だよな、と、しれっと言える親分さんがいないといかんわけですな。

藤原　そうです。そして口だけなら誰でも言える。彼は、自分の仕事で「世界一とはこういうことだ」と示してきた。あとね、「異種格闘技でも勝て」と言ってたな。

——何ですか、それ。初めて聞きました。

ディーゼル同士でやるな、異種格闘技だ！

藤原　ディーゼルエンジンを開発するときなんですけどね。どういう目標設定をするのかで悩んでいたんですよ。普通だったら他社のディーゼルを持ってきて、これこれのポイントで勝ちたいね、とやるんですけど。ところが金井はディーゼル対ハイブリッドエンジンでやれと言い出した。異種格闘技をさせるんです。そうすると「このディーゼルはハイブリッドよりもコストが安くて、ハイブリッドよりも燃費がよくないといかん」というのが目標になる。しかも、トルクが大きいんですよ、と。

――それは売れる。そのディーゼルならハイブリッドに勝てそう。

藤原　そうです。そうすると「勝てる目標」ができるよと。ディーゼルの中でごちゃごちゃやっていると結局は本当に五十歩百歩のものしかできない。金井は、そういう異種格闘技をなんのためらいもなくやらせるんです。

世界一を目指す、異種格闘技で勝つ。たぶんその２つの目標の設定の仕方が一括企画のコツですね。そうやって出てきた目標が、技術的に挑戦できるレベルかどうかを考える。「頑張ったら到達できる、やれる」と言うやつがいたら、そこでプランは決定、ゴーです。あとは、それをどうやって効率的にやるのというので、コモンアーキテクチャーが、フレキシブル生産が出てくるんです。

――……よく分かりました。逆に言うと、そうやって出てきた目標が高すぎるからフォードの技術トップは、金井さんが語った目標が信じられなかったんでしょうね。「やれるわけがないだろう」と。

藤原　「メルセデスもトヨタもやっていないことが、なぜマツダにできると思うんだ」とかね（笑）。

――そんなことを言われたんですか？

藤原　さあ、どうでしょう（笑）。

「常識」はどこにでも潜んで、あなたの勇気をくじく

――でも、これを言うと話が戻っちゃいますけど、普通、そんな目標設定なんて、怖くてできないんじゃないですか。

藤原　うん、怖いし、やらずに逃げる言いわけなんていくらでもできるんです。

――金井さんは、最初に目標設定をちゃんと考えない理由を「面倒くさいからだよ」とばっさり斬って捨てましたが、考えるのが面倒くさいというレベルじゃないですね。怖いですね。失敗は許容される、と言われても、怖いものは怖い。

藤原　怖いでしょう。それはですね、どこかに制約がおるんです。制約とは、常識です。すべての考え方の中に、常識が潜んでおるんです。

——常識。「未来はEVだよ、もう内燃機関じゃないよ」と世の中は考えている、みたいな……。そういえばマツダの人から聞きましたが、人見さんは、スカイアクティブエンジンの開発を「教科書通りの非常識」と要約しているそうです。

藤原　教科書通りの非常識か。なるほど。うまいこと言いますね。

——教科書にちゃんと書いてあることより、「世間の常識」が優先されていた。自分がやったのは、学術的には極めて真っ当なことなのだ、と。

藤原　うん。世の中の「常識」は、物理や化学の公式とはまったく異なるものなんです。世の中の常識、その実態は、根拠の薄い、半可通たちの勝手な思い込み、ということがわんさかある。なのに、それが気持ちの制約になっているんです。本当に怖いのはそいつです。

——乗り越え方ってあるんですか。

藤原　それはやっぱり先に時間を取って、きちんと考えることです。本当に組んで仕事ができる世にも珍しいコンサルの方がいるんですが、この人のやり方が面白くて、「この戦略にはリスクがあるんじゃないか」とかいうときに「この戦略をやるリスク、やらないリスクを出してみよう」と言うんです。実行のリスクを言っているんじゃないんですよ。この戦略をやったら何が課題、これをやらなかったら何が課題というようなことをみんなで話させるんですよ。

そうすると「これはやらなくても発生するリスクだから、やっても一緒だね」とか、「リスクはある、でも、このリスクを解決すればできるんだね」とかいうふうに見えてくる。

——漠然とした「リスク」が、細かく具体的に分割されるわけですね。

藤原 そういうことを繰り返しながら、「あなた方って何々をこういうふうに思っていませんでしたか、でも、実態はこうでしたね。ということは、こうやったらできるでしょう」というイノベーションの発想に持っていかせる。このやり方は、金井さんのやってきたこととたぶん共通しているんじゃないかと思うんですね。

——改めて、「真面目に、真剣に考えることを、我々は怖がり過ぎているんだろうな」という気がしてきました。

藤原 だいたい人間って、やるときのリスクをいっぱい出して、「だからやれない」と言うんだけど、そのリスクを叩きにいく、解決しようとすることは忘れてしまう。そこだよね。

——なるほど。

藤原　言葉として表に出してみると、あ、大したことはないと気付けるかもしれない。だから、決めることを過剰に怖がっちゃいけないんです。そのためには、考える時間や、ときには方法論が、スキルやテクニックが必要、ということです。

マーケティングが志に敗れ去った瞬間

――ああ、そこに金井さんの「ロマン」という殺し文句があるわけだ。考えることを怖がらせないために、世間の常識に縛られないために、負け犬たちに顔を上げさせて、山の上を見せるために、金井さんは志を、ロマンを語る。

藤原　志、ロマン、そこはもう、そう、そうなんです。私は、彼に「志」の強さと力を、これ以上ないくらい身に染みて教えられました。

これは昔、一橋大学の先生に取材されて話したことなんですけれど、金井さんが主査をしたアテンザ（初代）と、私がやった2代目デミオの経営陣への最終プレゼンが同時にあったんです。そこで、「俺は金井さんに完全に負けた」と思いました。

大ヒットしたデミオ、その2代目を任された私は、マーケティングデータを集め、ユーザーが初代に対して抱いていた不満を解消することを目指してクルマを造った。そうすれば売れないわけがない、と思うじゃないですか。

――はい、とても常識的なやり方だと思います。

藤原　ところが、御用聞きをしてあれもこれもと欲張ったせいで、何をやりたいのかがよく分からないクルマになってしまった。一方、金井さんは……。

――アテンザの「志」、ですもんねえ。

藤原　そう。金井さんのアテンザは「俺の誇りをこてんぱんにしてくれたドイツのプレミアム車に、このクルマで目にもの見せてやるんだ。俺たちマツダのクルマが、世界一になるんだ」という、ファイティングスピリットが溢れかえったクルマになっていました。その志は、開発だけでなく生産、販売、社員全員を、周囲を動かして、やはりお客様に伝わるんですよね。

これが私の会社員人生で最大の失敗で、最大の学びだった、と思っています。

Chapter

12

エピローグ

「人間は利己的で、そしてええ格好しいなんよ」

「えっ、金井さんが造った初代アテンザ、マツダミュージアムにもないんですか」

「実はそうなんです」

と、マツダに一度は断られ、それでも実物をぜひ一度見て、触ってみたいんですがと粘ると、広報のDさんが「そういえば、うちの近所に綺麗なアテンザの5ドアが停めてある家が」と、うかつにも漏らした。「聞きましたよ、ダメモトでお願いしていただけませんか。そうだ、この際、金井さんに見て、乗ってもらったら面白いですよね」。私の無責任なワガママは叶えられ、開発者とともに実車に対面する機会を得た。オーナーの方にもDさんにも感謝に堪えない。ありがとうございます。

金井主査、初代アテンザと久々の再会。　（写真：橋本 正弘=プロタート）

初代アテンザは、やたらと気合の入ったクルマだった。細かい話だが、荷室のトノカバーの裏側にまで起毛シートが貼ってある。「カバーの裏はリアゲートを上げたときに意外と目に入るんですよ。見えないところは安くしてあるんだな、と思うか、手抜きがない、と思うかで、クルマへの愛着って変わると思いません？」。現物を通して金井さんの思考に触れた気がした。例の「ガセット」のサイズにこだわった理由も荷室を見て理解できた（136ページ）。

「いいクルマですよ。ああ、ドアが閉まる音はさすがに軽いけどね（笑）」と、金井さんはとてもご機嫌そうだ。この機に乗じて、昔話でも聞いてみるか……。

オイルショック入社で、ずっと下っ端の新人時代

——金井さんは、マツダに就職する前から「クルマを造りたい」と思っていたんですか。

金井 いえ、そんなことはないですよ。クルマは好きでしたけど、自分の地元である広島に家庭の事情で帰ることになって、(東京工業大学の)工学部機械科を卒業して会社を選ぶとしたらマツダくらいしか思いつかなかった、ということです。

——で、1974年に入社された。マツダで市販するクルマに関わるには、クルマの基本コンセプトを策定する「企画」、それを工場で実際に生産できるように技術開発を行う「開発」、量産を担う「生産」がありますよね。開発部門に採用されたのは、どんな経緯で。

金井 「所属はどこか希望がありますか」と聞かれたから、「いや、どこでもいいです、特にありません」と。「やっぱり開発がいいでしょう」とか言われて。でも、「カイハツ？何だろうな」と。ノンポリ学生だからそういう言葉だって知らないわけですよ。研究とか言われたらまだしも。ふーん、開発部門って何するんだろうと思ったけど「シャシー設計というところになりましたから」と言われてね。「はあはあ、じゃあ、よろしくお願いしますと」と。そんなものですよ。これも巡り合わせ、運命ですね。

――入社されたのは、73年のオイルショックの翌年なんですね。

金井 そう、だから、後輩がずっと入ってこない。5～6年の間一番下っ端（笑）。「おい図面のコピー頼むよ」とか言われると、はいはいと。当時はコピーなんてないから「青焼き」だったね。

――ずっとコピー取りですか。東工大を出た俺が、と、ふてくされませんでしたか。それに、たしか青焼きってアンモニアを使うからめちゃくちゃ臭くて。

金井 いやいや（笑）、ずっとコピー取りしたわけじゃもちろんないけど、こうした経験はよかったと思いますね。別にひがむ気持ちもなかったしね。というのは、例えばコピーを取るような仕事でも、ちゃんと考えるともっと上手に取れる。あるいは効率よく短時間で取れる。青焼きって、一枚一枚しかできないでしょう。

――はい、原稿と感光紙を密着させて露光するんですよね。

金井 そうそう。それで例えば「20ページの原稿を20部焼く」としたら、じゃ、どういう段取りでどんな体の動きをすれば効率よく20部がいけるのかと。やっぱり工夫するわけですよ。

――あ、分かります。編集者の仕事もネット登場前は、大量の紙資料のコピーと取材班への配布が新人の仕事だったので、コピー機の前で「どういうふうに資料を積んで、どっちからどっちへ流れ作業にするか」というのを考えてやりました。

金井 そうそう、そうです。そうなんですよ。自分で何でもやるので、工夫するんですよね。どうやったらより短時間にできるか。それから持っていくときも、どの順番で行けば短い時間で配れるか。

――配送ルートを考えるんですか。

金井 今の時間に持っていっても、席にいないかも分からないから順序を変えよう、とか、これを持っていったときに、どんな一言を添えるとその人の次の仕事がスムーズか、とね。

どうせだったら気分よく働きたいよね

金井 下積み時代礼賛か、と受け取られるかもしれないけど、あれはやっぱりある種の勉強でしたよ。人格形成にも結構影響したと思う。どうせ受け取ってもらうんだったら気持ちよく受け取ってもらいたいから、どうやったら相手が気分よく引き取れるのか、遅れたときは、こちらの申しわけない気持ちが伝わるように謝ろう、逆に言えば、どうやったらかわいがってもらえるか、とかね。機械的に作業するんじゃなくて、考えながらやっていたと思いますよ。設計構想書の作成からコピーまで、なんでも自分で考えて動けたから、5、6年間結構ほがらかにやってこれた。

――なんだか、アテンザの主査になったときのお話とも重なりますね（118ページ）。

金井　そうかもわからんね。社外の方から「あんたに謝られると……なんでか知らんけど怒れない」と言われたこともあったっけ（笑）。部署ではよく怒られもしましたけど、かわいがってもらったですよ。当時は、上司がムラモトさんとおっしゃる、40歳前後の、まさに職人肌の方でね。本当に図面が上手だった。その人は私にとっては図面を、設計図を描くときの憧れの人みたいな方。その人の描いた図面を見ちゃ、「はー、うまいなあ、上手だな」と思っていたんです。

――うまい図面というのは、どういうところがうまいんですか。

金井　いわく言い難しですが、そうですね……。図面は細い線と太い線があるわけですよ。太い線が物の輪郭を表す。一方で、寸法線や丸いもののセンターラインは細い線。いい図面というのは、まずそのメリハリがぴしっと利いている。外寸か補助線かのまぎれ、あいまいさがない。細い線はいつまでたっても細くて。僕らのころはまだ芯を研いで描いていましたからね。

――そ、そうか、CADどころかシャープペンシルでもなくて。

金井 太さと細さを揃えるために、丸い芯を芯研ぎ器で研ぐんです。それで太さが決まるんですよ。こういうふうに（手を動かす）研ぐんですよ。この方からは、芯の研ぎ方から教えてもらったの。太い線はHBで細い線は2Hだったかな。「芯の材質や引きたい線に合わせてこうやって研ぐ」と。自分で描いてみればすぐ分かりますよ。あ、なるほど、こりゃ合理的だ、と。

――そういうところまで手を入れているからメリハリのある線になる。

金井 そして、図面は紙の上に描くわけですね。やっぱり最初にレイアウトを考えないといけない。ある物を図面にするとしたら、正面の絵をどこに描いて、今度は上から見た絵をここに描いて、と、最初にどこにどの図を置くか考えて配置していくわけです。そこに、やっぱり何ていうかね、センス、美的感覚という。1枚の紙の中をうまく使って、ぱっと見にもいいバランスで、見やすくて、アタマにすっと「あ、こういう形か」と入ってくる。そういう違いが図面制作者によって出てくる。単純に言えば「分かりやすい」。そして見た目が美しい。

３次元のものを2次元の中に描くわけですから、複雑な形のパーツだったら、あちこちで、「ここの断面は」と注記的な図も入れねばならない、滑らかに形状が変わっていく場合の表現をどうするのか、という部分も、当時は図面の描き手のセンスに頼っていた。それらを含めて、この方は抜群だったんです。

憧れの人に褒められた日

金井　でね、入社から3年ぐらいしたときに、その方から「あんたもええ絵を描くようになったのう」と言われてね。

——おおっ。

金井　本当に舞い上がるほどうれしかったですね。自分でも「ちょっとうまくなったな」と思っていたころでもあったので、そこに、憧れの人からそう言って褒められて。

——それはきっとその先輩の方も金井さんをずっと見ていたんでしょうね。で「ここぞ」というタイミングで褒めた。

金井　うれしかったなあ。

――いい図、設計図のことを「いい絵」と言うんですか。

金井 そう、絵、と言うんです。コンパスと三角定規と鉛筆を使って描く絵ですよ……でもその方は間もなく心筋梗塞でお亡くなりになられて、40代の若さでね。

――それは残念でしたね……。

金井 本当に残念でした。

私には「やりたいこと」はないんです

――その先輩の方から、新人の金井さんはどんなふうに図面の描き方を教わったんですか。背中を見て盗む、とか。

金井 いや、実は入社したころは、盗むほど欲があったかどうかさえ覚えてない（笑）。

――またそんな。

金井 言われたことを一生懸命やろうとしているうちに、ちょっとずつ描けるようになった。自分でもそのころ気が付いたんですけどね、つまり私には、特に自分で「これがやりたい」という格別の思いはない。入社のときや最初にクルマを買うときもそうだった。

――やりたいことがない？　それでどうして仕事を続けられるのでしょうか。

金井　自分がやりたいことは特にない。だけれども、仕事というのはある種の信用でもって、「これを頼むよ」と言われるわけでしょう。これをやりなさい、やってください、やってくれと言われるわけでしょう。ですから、「相手の期待に応えるという。それが自分にとっての〝仕事〟だ」と何となく思ったんよ。

――なるほど……。

金井　つまり、期待されていることに応えるんだと。そのうち、期待されているものよりもちょっと、例えば、納期よりちょっと早くできるとか、期待されている以上のクオリティーの図面を描くとか。そんなことで期待を超えるわけですね、それはさっきのコピーを配って歩くのも一緒ですよ。

――そうですよね。先輩たちが「あ、こいつはただ配るだけじゃなくて、誤解しやすいところにメモを付けるとか、俺の仕事がやりやすいように段取ってくれているのか」となれば、「やるな」と思いますよね。図面にしても、芯の削り方からマネしてくれれば、「こりゃ頑張ってるな」と思うでしょう。まして上達もしてくれれば。

金井　そうそう。だから、要するに僕は結局「いい格好しい」なのよ。

―― ははは（笑）。いい格好しいですか。

金井 仕事を頼まれるということは何かを期待されているわけで、図面を描くなら図面を描くことを期待されているわけだけど、それはやっぱり誰にとっても気持ちのいい図面にしたいわけですよ。

―― 分かります。

金井 いい格好がしたいわけ。

―― それはしたいですよね。

金井 ねえ。この絵は、この図面は全体に美しくレイアウトされていて、読みやすくて、字も、まあ、そんなきれいな字じゃないにしても、癖のある読みにくい字ではなかったり。青焼きを配るときも、配られた相手ができるだけ喜ぶようにしたい。だから、相手のことを思っているというよりも、自分がいい格好をしたいと。

―― 「金井、お前、気が利いているな」「いい絵を描くな」と言われたいという。

金井 そうそう、そう言われた方が嬉しいよね。特に、ずっと長くお付き合いがあるならば、どうせならそう思われたいじゃないですか。図面を焼くときにはコピー室に持っていって自分でやるんだけど、そこでも下手くそな焼き方をしていたら注意されるわけですよ。

でもそういうときに、やっぱり「いつかこの人にもかわいがられたい」という、ある意味では自己顕示欲、いい格好がしたいという思いがあると、「教えてもらおう、そのために何か役に立とう」という気持ちになる。

分業の中で、仕事の心地よさが消えていく

―― 何だか珍しくストレートによく分かります。私は金井さんの話を「日経ビジネス」で連載していたころは、一連の「モノ造り革新」は「仕事の手戻りが嫌だ」ということが動機なのかな、と感じていて、そこから「つまり、人にムダな時間を使わせるとか、ムダな仕事をさせるのが嫌だということなのかな」と思っていたんですけれど……。

金井 人が、みんながお互いに気持ちいいと、それが心地よいじゃない、自分にも。だからそうしたかった。そういうことじゃなかったかな。

―― そうなんですよね。でもそんな当たり前の気持ちが、「分業」が前提になって管理が厳格になると、全体の成果より、ミスをして減点されることを避けよう、という気分が前に出てくる。

金井　結構多いですよ。自分はこのマニュアル通りにやったらこれしかできません。私の仕事はこれで一丁上がりでございます。あとから問題があっても私のせいではありませんという。

——　そうです、そういう気持ちです。そういう人なり部署なりが自分の分業の前か後に入ると、もう、それだけで「じゃ、俺だってそうするよ」と伝染しちゃいます。

ブレークスルーを妨げる風土

金井　そう。だから組織内で生きる人はそういう人が自然とものすごく多くなります。それでうまくいっていればいい……というか、そのほうが波風立たないんでしょうけどね。

でもやっぱり誰かが「俺はこれをブレークスルーしたい」と言って動き出した際には、自分の畑だけ守ろうとする風土は大変な障害になります。ほかの人のやり方も変えないと、ブレークスルーができないことが大半だからです。あるいは、誰かが画期的なことをやってくれても、その変革で生まれたリソース、空いたスペースが活用されないことで、本当のブレークスルーになりそこねる。そんなケースも多いですね。

――めっちゃ、「あるある」です。

金井 普通、分業という形態ではそうなる。参加する人がそれぞれの「責任と権限」をまず決める、というやり方だと、みんながそれこそマニュアルに縛られたり、ほかの人がちょっと譲れと言っても、「これは絶対譲れない、自分のアウトプットで責任を持つためにはこれ以上動かせない」となるわけですよ。実際にはサバを見込んでいるんだけど、それは自分だけの切り札として取っておこうとするからね。そうだ、前に『ザ・ゴール』（エリヤフ・ゴールドラット著、ダイヤモンド社）をお勧めしましたが、読みました？

――読みました。ゴールドラット博士が語る「制約理論（TOC）」や、「クリティカルチェーンプロジェクトマネジメント（CCPM）」と、モノ造り革新の考え方が通底しているので驚きました。

金井 私の印象では、あのCCPMは、仕事の前にまず段取りを考えてムダな待ちを減らし、みんなの時間やリソースの余分、「サバ」を先にまとめてキープしておく。「ごめん、間に合わない」という声があがったら、ちょっとずつ戻しましょう、という考え方で。

――仕事の条件は変わらないのに、それだけでものすごく気持ちが柔軟になりそうですし、一体感、協業感も生まれそうです。

金井　ゴールドラット博士の本は一通り読みました。日本法人の代表のKさんとはだいぶ親しくさせてもらっているんだけれども、彼の表現を聞くと、ああ、私が考えたことと同じだ。あれには、汎用性があるんだ、と思うことがいっぱい出てくるんですよ。

大きな課題に直面したときに、その課題そのもの、フォーカスすべきところがどこなのかというのをみんなが共有する。そこから始まって、「モノ造り革新」の終わりのほうに出てくるように、生産技術の人は、開発が何を目指しているのかを熟知して、生産、物の作り方を考えてくれたり、開発の方が生産しやすさを考えて設計する。どっちがどうイニシアチブを取るでもなく共有している。そんな組織になっていく。それはまさに、ユーノス８００のエンジンルームで、30ミリがゼロになる話と同じですね。

――そうですね。モノ造り革新の目指した「働き方」は、ほぼあの話のアナロジーで説明できちゃうように思います。

金井　そうね、結局そういうことかもしれんね。

――そのモチベーションはつまり、お互いに「いい格好しい」になって、相手にも、全体にも役に立って「おお、お前、すげえなあ、ありがとう」と言い合おうという（笑）。

金井　そういうの、いいじゃない？（笑）

――でも、組織だとすぐ自分の、あるいは自分の部署にとってのメリット、デメリットを考えてしまう。それを打破して、その気持ちを共有して深めていく手段がいる。

金井 会議も手段の一つですし、ＰＤマネジメント（61ページ）もそうですよ。これもＴＯＣととても重なるんです。最初に全部課題を出して、その課題をどんなふうに解決していくかというシナリオを全部作る。「それができあがるまでは次に進むな」とまでＴＯＣは言っているんですね。「プラン（Ｐ）ができていないのにドゥ（Ｄ）するな」ですよ。そしてＤｏし始めたら「その通りにいっているか」というのを、毎日のように通信簿を付けて、プランとの齟齬をいち早く摑まえる。

――まさにそれって……。

金井 そうそう、僕らがやったイレブンミーティングと実はまさに一緒じゃないかと。

関わる人の多さを競争力に変えよ

――部署や個人の利害得失もさることながら「お前、格好いいな、いいヤツだな」と思われることが、関わる人の基本的なモチベーションになるんだとしたら、それはある程度長期的な関係性が前提になりそうですよね。その意味でも、例えば自動車メーカーにとっては、ホームタウン、というか、故郷というか、生まれた土地、地域ってかなり重要なものなのではないかと思うんですが。

金井 それは僕も思う。クルマとかのモノ造り、あるいは電力、鉄鋼などの、昔ながらの非常に雇用の多い事業体は、今のＩＴ系の会社のような「身の軽さ」がないわけよ。根っこをものすごく張っているから。撤退とか縮小が、ものすごく地域に大きな影響を与える。

―― そうですね。関わる人の多さと関係性の強さ。

金井 我々はそこをコストと見ないで、競争力の源泉化しないといけないんですよ。

―― 関わる人との「長期的な関係」を前提にした、「〝いい格好しい〟のモチベーション」を、コストの壁を超える武器にしていく。「この工程はこの国のほうが安いから」という発想でやると、コスト至上主義のルールで戦うことになる。

金井 そうです、そうです。コストは大事ですが、それを最優先にすると関係性の根が腐ってしまう、じゃあ、根を引っこ抜けばいいか。新しい土地で根を張るには時間がかかる。ＩＴ系ならばそれでもかまわないのかどうかは経験がないので分かりません。モノ造りで、これまでお話ししたように「世界一」を狙い、お客様がいつか気付いてくれることで愛着を培ってブランドになる」ことを目指すなら、広くて深い、地元に根ざす根が欠かせない。

「神の見えざる手」の真実

金井　会社の隣の人、隣の部署、サプライヤーさんや販売会社、そしてお客様を喜ばそう、ええ格好しよう、という発想って、なんか青年の主張っぽく聞こえるかもしれんけど、実は「神の見えざる手」を『国富論』で唱えたアダム・スミスが同じ事を言うとるんよね。

『国富論』では、個々の人間が利己心に基づいて金儲けをすることが、全体としては神の見えざる手によるかのように世の中の発展につながり、ひいてはみんなが幸せになる、という話として受け取られているし、それはそれであながち間違ってもいない。

――はい。本意は「市場の参加者が安全な投資を求めて行動しようとすることが全体の効率につながり、経済が発展する」という部分で、特に市場経済は神の御心にかなう、という話でもないそうですが。

金井　ほお、では、彼がその前に書いた本の話は知ってます?

――ええと、なんとか道徳論といったような……。

金井　そう。『道徳感情論』。

——あっ、うちからも出ています（『道徳感情論』アダム・スミス著、日経ＢＰクラシックス）。読んだことがないんですが。

金井　僕もちょっと正確には覚えてないけど、その道徳感情論の冒頭に、要約すれば、人間は利己心をたくさん持っているけれど、「共感（ｓｙｍｐａｔｈｙ）」をいわば原理原則としてまとまりを持つ。だから、どんなに利己心の強い人でも、他人の不幸に無関心ではいられない、とある。

——そうですか、無関心でいられませんか。

人の役に立ちたいのが、人間の本性だと思う

金井　人の幸福を見たら、自分に何の利害もないのに嬉しいし、他人の不幸を見たら同情を寄せるという、人はそういうものであると。この前提が抜けて「神の見えざる手」を都合よく解釈して、「勝者総取りで何が悪い。みんなが不幸になっても自分さえ儲ければいい」と誤解してしまう。それだと仮に勝っても、長期的には幸せになれない。人間はそういう

ふうにできていないから。これは大阪大学の堂目卓生先生の『アダム・スミス──「道徳感情論」と「国富論」の世界』(堂目卓生著、中公新書)の請け売りです(笑)。

──いや、それですよね。次の工程のことを考えるというのは、いいことをしているという内面的な嬉しさもあるんだけど、それで「わあ、ありがとう」とか言われたらすごく満たされますよね。「俺、人の役に立った」みたいな。

金井 そうそう。ですから、「クルマを通して世の中の役に立ちたい、人を笑顔にしたい」というのは、青年の主張のようでいて、実は人間の本性に根ざした企業目標なんですよ。生き残るためでもあり、関係者全員が、幸せになるためでもあり。

──うーむ。

金井 世の中を幸せに、と貢献することで、自分たちも生き残り、従業員も幸せになる。日本の大企業こそが、これを目的にして実践しないといけないと思いますよ。中小企業はこれでやっているところは相当多いと思う。そうでないと自分たちは生き残れない、ぐらいに真面目に。

──大企業は分業による組織の弊害が大きくなって、目先の短期的な利益にどうしても搦め捕られる。「グローバル化」という言葉で、会社自体が根無し草になりかけている企業も多そうです。アダム・スミスの教えを今こそ学び直すべきでしょうか。あ、経済誌っぽいことを言ってしまいました（笑）。

金井　アダム・スミスだけでは足りないというなら、皆さんの大好きなピーター・ドラッカー、出光佐三さん、松下幸之助さん、同じ事を言うてる偉大な経営者はもう、ほんとたくさんいらっしゃる。ちょっと例を挙げましょうか……（本当に延々と続く）。

心は単なるサラリーマン

――しかし金井さんは、世の中の人が何を言おうと、自分が「正しい」と思ったら曲げませんね。どうやったらそうなれるんですかね。

金井　それは端的に言えば、あの話ですよね。モノ造り革新の一括企画で、ハイブリッド車（ＨＶ）の全盛期に、内燃機関の研究開発を優先したこと。

――そうですね、そのお話で結構です。金井さんは、すくなくとも技術部門ではカリスマだったからできたんでしょうか。

金井　いや、単なるサラリーマンですよ。ええ格好しいの。

――不躾ですが、社長になりたい、と思ったことは？

金井　いや、ないですよ。今、もし現役時代にノスタルジーがあるとしたら、技術担当の専務時代ですね。

――うーん、額面通りに、単なるサラリーマンなのだとしたら、これだけ世の中が正しいと……そんな顔しないでください、あくまでも世の中がそう思っているという意味の「正しい」ですよ、論理的な、技術的な正しさの話じゃないんですよ。そちらのほうにみんなで行きそうになったところを、よく社内をせき止めて逆転させたなというところが、たぶん私、そしてこの本を読む方が一番「なぜだろう」と思うところではないかと。

金井　でも、すごく自信があったけどね。しつこいけど、ＥＶやＨＶをやらないと言っているわけじゃない。今はやらないと。今やるのは内燃機関で、次はＨＶだし、その次がＥＶだと。「ＥＶもやらないといけない。でも今すぐじゃない」と言っているだけで、リソースの限られた我々にとっては当たり前の、簡単なことですよ。

――それを世の中に抗して言って、貫けたから、マツダはスカイアクティブエンジンで大きくアドバンテージを築いて、商品力の向上に大きな要素を作り出すことができた。

金井　そう、ほかの人がやらなかったので、まあ、逆にしめしめだよね、本当に。当時よく言われたんだから。マツダはＨＶではもう2周遅れ、3周遅れじゃないかと。いや、その通りだ。だからエンジンでは何とかトップを走ろう、とも思った。周回遅れがいつの間にか。それは逆に世の中の風潮が、ＨＶやＥＶバンザイだったおかげ、とも言えるのかな。

勉強しましょう。サラリーマンでも世間を動かせます

――だからそこでそういう逆転の手を、「普通のサラリーマン」……じゃなくて役員ですけれど、まあ、マインドとしては普通のサラリーマンの方が打てたというのはすごいじゃないですか。どうしてできたんですか。

金井　それは勉強しましたもの。

――うわっ、答えは「勉強したから」ですか（笑）。

金井　いや、あの手この手でね。だからまず、将来のＥＶの普及予測というのをいろいろな研究機関のやつで調べて。それから内燃機関、エンジンのＣＯ2排出量は、ＥＶはゼロだから仕方ないけど、ＨＶ並みが本当にできないのかどうかを調べろ、可能性はある？じゃ、本当にやったらいつごろキャッチアップできそうかどうか調べろ、とかね。それか

らEVにしても、そもそも発電所で電気を作るために、石油やLNGを燃やしてCO2を出すじゃないか、それはどうなっているか調べろ。

――金井さん、というかマツダがずっと訴えている「Well-to-Wheel（ウェル・トゥ・ホイール）」ですね。CO2排出量は、発電所から考えないとおかしいだろう、井戸から燃料をくみ上げて、発電して、モーターがタイヤを回すまでのトータルで、EVと比較せよ、という。

金井　そうそう。あと、石油はいつまで持つのかも見ておけ、と。ありがたいことにサラリーマンですが部下がおりましたので、皆さんに多大なご迷惑をおかけして（笑）。

――そうか、勉強して調べて確信があれば、普通のサラリーマンにとってもそれはすごい支えになりますね。って、言って恥ずかしいくらい当たり前のことですね。

金井　自分なりには自信があるにしても、理論の裏付けはものすごくしつこく取りました。それがどんどん確信につながっていって、ずっと言い続けることができた。結果的に「ウェル・トゥ・ホイール」の話は今回、経済産業省に自動車新時代戦略の中に織り込んでいただけた。

ずいぶん前から経済産業省や国土交通省などにも説明をしに行っているんですよ。我々はなぜエンジンでやるのか、エンジンの次の目標はこの辺に置きました。そうしたら、トータルでEVとCO2が変わらないぐらいのものはできます、と。

――「高価なEVを増やすより、今出ている内燃機関の改良をするほうが費用対効果が大きい」というお話（225ページ）、あれも。

金井　やりました、やりました。あの手この手で理論武装して、何度も何度も。「わかった。それでも電気だ、EVだ」という方も、もちろんいらっしゃいますけどね。

――普通のサラリーマンでも、勉強して、確信を持ってしつこく粘れば、いつかは世の中を動かせる、少なくとも可能性はある。ということなんでしょうか。

あ、そういえばシャシー部門に入ったあと、金井さんは世の中のあらゆるサスペンションの形式を調べて、自分でサスの模型も作っていた、なんて話も聞きましたよ。本を読んでも分からないことを、社内で聞いて回るうちに質問のレベルが上がりすぎて、誰も金井さんに答えられる人がいなくなって、そうなったらもう、サス関連では金井さんの主張を止める術がなくなってしまった、とか。

金井　そんな話を誰から聞いたんですか（笑）。まあ、昔から勉強はよくするほうだった、ということです。

◉発電所の出すCO2まで考えると、EVの評価は変わる

2018年8月、経済産業省「自動車新時代戦略会議中間整理」
「参考1-10　"Well-to-Wheel"での各種自動車のCO2排出量の評価」

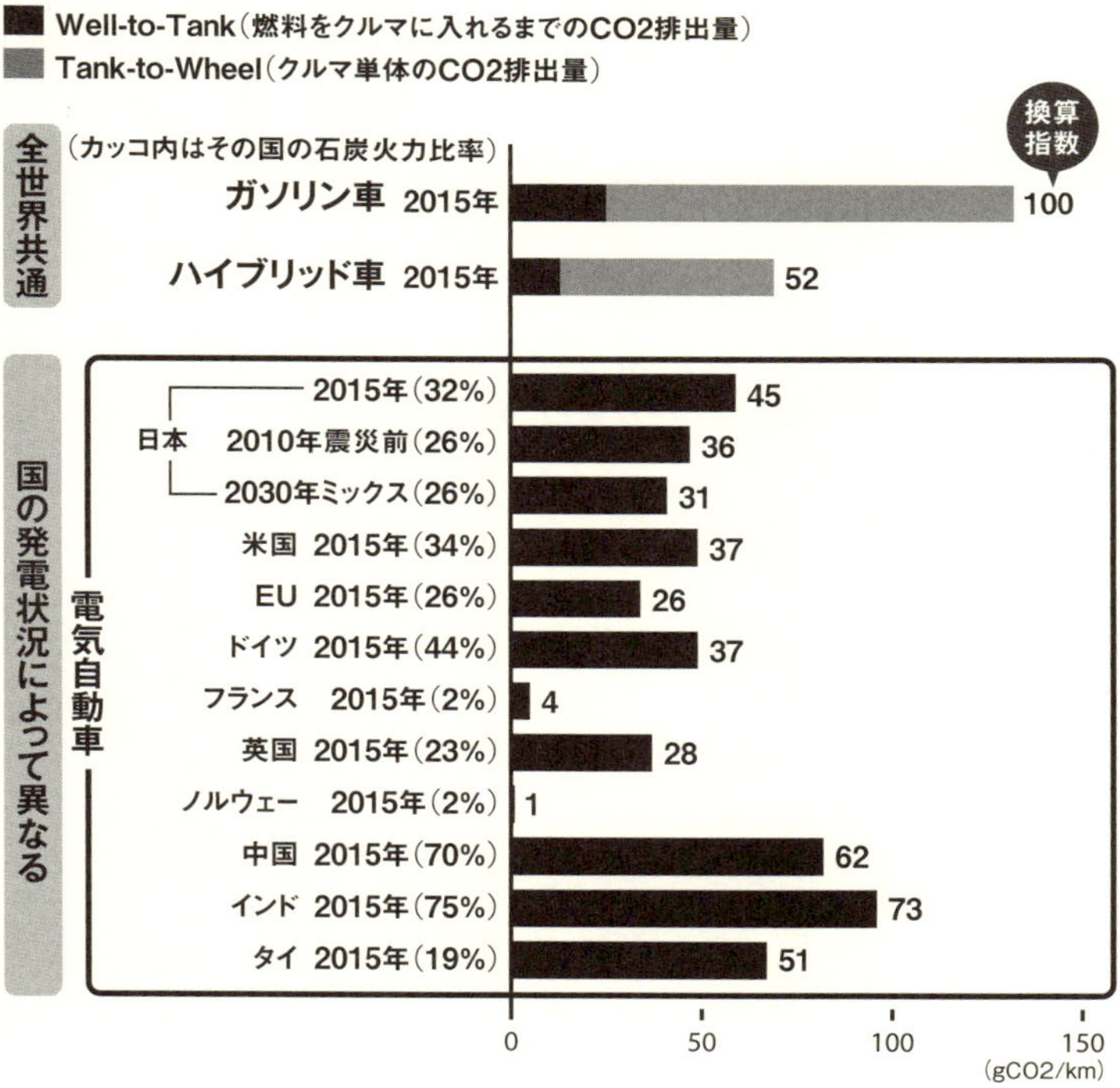

電気は発電の時点で化石燃料を燃やしてCO2を発生させる。その分を足しても、ガソリン車を100とするとハイブリッド車の発生量は52にとどまる（2015年時点）。ただし、これは全世界での平均で、石炭火力の比率が高い国や、発電所の環境性能が落ちる途上国では排出量が多くなり、その電気で動くEVの環境性能も伸び悩む。石炭火力が75％を占めるインドでは、EVでも換算指数が73まで上がる。日本でも、原子力発電所が止まって石炭の比率が上がったことで、指数が36から45に上昇、ハイブリッド車に近づいた。逆に、水力発電の比率が高いノルウェーでは、指数は1となり、EVのメリットが最大限に生かされることが分かる。

危機感で引っ張るのは健全じゃない

――長い時間ありがとうございました。最後の最後に、これからのマツダについて少しだけ。マツダは、倒産寸前まで追い込まれ、フォードの傘下にも入った。そこで「負け犬根性」も一度は染みついた。ただ、逆境に次ぐ逆境で「チェンジ・オア・ダイ」という状況に陥ったことで、逆に「変わらなければ死ぬしかない」という、変革へのモチベーションも生まれた。これも事実だと思うんです。

金井　そうね。それはありますね。

――その一方で、「モノ造り革新」が成功した12年以降にマツダに入社した方がどんどん増えていきますよね。もちろん、これで満点とはどなたも思っていないでしょうけれど、どん底時代にくらべればブランドイメージも上がり、業績も改善している。その中で、これからも常識を疑い、部門の個別利益追求に陥らずに志を持ち続けるには、危機感ではない何かが必要だと思うのですが、それは何なのでしょうか。

金井　まず、危機感で、「頑張らないと明日はつぶれるぞ」で引っ張っていくのは、一時的にはいいとしても、あまり健全じゃないよね。これはやらなくていいならやらないほうがいいと思う。

みんなが目標として持って、そのためにええ格好しいで頑張ろうと思えるのは、やっぱり「夢」、ロマンじゃないですか。「マツダのクルマは乗ると笑顔になる」なんて言ってもらえたらそりゃ嬉しいし、「ドイツ車とは全然違う、日本オリジナルのいいクルマを出せたら」というのもいいし、「社会の役に立っている会社だな」と世の中に思ってもらえたら嬉しいし、そして社員の給料がこんなに上がったら、とかもいいですね。

――そう来ましたか。

金井 だって嬉しくない？　そういう仕事ができたら。

――そりゃ嬉しいでしょう。いや、本当に。なんだか真っ当すぎて突っ込む言葉が出てきません。そういえば、「モノ造り革新」が「10年後のマツダを語ろう」と社内に訴えたのも、最高益のタイミングだったんですよね。

金井 そうでしたね。危機感はもちろん心中に大きくありましたが、それで煽ったわけじゃない。「やりたいことを、制約を全部外して考えろ。本当にやりたいことは何なんだ」としつこく聞いた。「君たちの考える世界一のエンジン、サスペンション、なんやかんや、それは今どのメーカーが一番近いんだ？　そいつらの10年後を超えるようなものを造るには、どうすればいいんだ？　カネがない？　そんなのどうでもいいから、やれる方法を考えてみろ」と。

――いいですねえ。こういう問いかけをされてみたいものです。まして、会社が最高益を出して、ほとんどの人には前途洋々に思えるタイミングだったら、「じゃ、ＢＭＷ超え、やっちゃいますか」という覇気が出る。夢が持てる。

どんな苦しいときでも、夢と志は力を持つ

金井　そこまで単純でもないでしょうけどね（笑）。企業は夢と志を語るべきだし、それを語るなら、事業がうまくいっているときのほうがいいかもしれません。

でもこれだけは言いたい。どんなに苦しいときであっても、本当に社員の目を輝かせることができるのは、「会社は苦しいからみんな頑張れ」ではなくて、「きっとこうなってみせようよ」という夢や志なんだ、ということです。

――もう、どうしようもないくらいに真っ当ですね。

金井　マツダがやってきたことは、よく逆転劇のように語られるし、数字で見るとその通

（写真：橋本 正弘=プロタート）

りかもしれませんが、僕は内心、すごく順張りに、正しいと考えたことを淡々とやってきたつもりなんですよね。個人的には本のタイトルも『マツダ　順張りの経営』がいいな。

——あ、いや、それだとこの話の「非常識さ」が伝わりません。『マツダ、絶句の順張り経営』なら売れるかな……。

「正しいことをやっていれば結果は付いてくる」ということを、世の中の人、特に会社員が信じにくくなっている時代には、〝順張り〟を貫くことこそが「常識を逆転させた経営」だ、ということで。

金井　まあ、あとは読んだ方のご判断にお任せしましょう。タバコ吸ってきますね。

参考図書リストにかえて

「私の言うことをただ書き連ねるだけの内容にはしないでください。『私の履歴書』風になるのだけは勘弁です」――モノ造り革新を、仕掛人である金井誠太氏自身の会社員人生を踏まえつつ語ってほしい、という依頼への、唯一の条件がこれだった。「だって、それじゃ付加価値がないじゃないですか。私の話を聞いて、あなた自身がどう考えたのかをぜひ中心にしてほしい」とぐいぐい押し込まれた。要は「志が低い！」と叱られたのだ。

しかし、一介のサラリーマンの自分に、大企業の経営を担った人の話をあれこれ論評する能力はない。七転八倒の挙句、横町のご隠居にもの知らずの八つぁんがしつこく尋ねる、落語のようなインタビューになった。不真面目に見える箇所がもしかしたらあるかもしれないが、聞いているほうは苦しみながらの大真面目である。何卒ご寛恕いただきたい。

能力はないがずうずうしい私は、金井氏に約2年半にわたってインタビューするにとどまらず、モノ造り革新を見てきた方々にもお話をお聞きした。特に「ミスターMDI」こと木谷昭博執行役員の語る技術面からの背景は滅法面白く、嬉々として原稿にしたのだが、金井氏の分だけで予定ページ数を大幅に超えていることが判明。最初にしっかり考えず、あとからドタバタする、本書で金井氏が語った「CAマネジメント」そのものだ。泣きながら削った分は、「日経ビジネス電子版（https://business.nikkei.com/）」で掲載する予定なので、そちらでお読みいただければ幸いだ。そして2年半、大変なご苦労をおかけしたマツダ広報の方々に厚く御礼申し上げる。

言いわけは以上。以下、本書で参考にさせていただいた主な書籍をご紹介する。特に、マツダの立役者たち自身が語る改革ストーリーは、本書と合わせてお読みになれば、当時の状況がより立体的に理解できるはずだ。紙幅の関係で、副題は省略させていただく。

『答えは必ずある』（人見 光夫著、ダイヤモンド社）

本書にも何度も登場する、スカイアクティブエンジン開発者、人見氏の自著。エンジン開発の部分を技術も含めて踏み込んで知りたい方はぜひ。文系でも理解しやすく、心が燃える。おすすめ。

『デザインが日本を変える』（前田 育男著、光文社新書）

「魂動《こどう》デザイン」を生み出した前田育男氏の、デザインから見たマツダ改革が語られる。人見氏の本と並んで仕事論としても興味深い。コンセプトカー「靭《シナリ》」の裏話も読める。

『イノベーション　日本の軌跡17』（新経営研究会　※購入は電話・メールで会へ申し込み）

金井氏、藤原清志氏、前田氏、人見氏の事例発表をそのまま収録している。会場との応答を含め編集されていない生の発言に触れられる。貴重かつエキサイティングな本だ。

『スピリット・オブ・ロードスター』（池田 直渡著、プレジデント社）

自動車評論家の池田氏による、マツダのクルマ造りの現場の、マニアックだが心を打つ話がこれでもかと出てくる本。「話があまりに真っ当すぎて、そのまま文章にすると『青年の主張』みたいになる」という池田氏の嘆きには、本書を書きながら心から共感した。

『ザ・ゴール　コミック版』（エリヤフ・ゴールドラット／ジェフ・コックス著）

『優れた発想はなぜゴミ箱に捨てられるのか？』（岸良 裕司著、両書ともダイヤモンド社）

前者は、金井氏が触れていた「ＴＯＣ（制約理論）」の考え方がマンガで理解できる。実は金井氏から「あなたにはマンガのほうがいいでしょう」と貸してもらい（大正解）、夢中で読んだ。本書ではごくわずかしか触れられなかった、モノ造り革新とＴＯＣやＣＣ

ＰＭとの関連は、後者の本が事例を挙げつつ詳しく紹介している。

さらに内輪で恐縮ながら、私が担当編集を務める日経ビジネス電子版のコラム「走りながら考える」のマツダ取材分をまとめた**『仕事がうまくいく7つの鉄則』**（フェルディナント・ヤマグチ著、弊社刊）も。「マツダで働く人はどこか変」と気付けたのはこの連載のおかげだし、フェル氏の変幻自在傍若無人なインタビュースタイルは、隣で聞きながら、日々学ばせていただいている。中身の面白さは言うまでもない。

変化球になるが、金井氏が何度も語っている「常識」「思い込み」が組織を縛る怖さを、エンタテインメントとして楽しめる小説**『星系出雲の兵站』**（林 譲治著、早川文庫ＪＡ）も推したい。思考実験としてのＳＦ、ここにあり。実は「ＰＤマネジメント」の神髄にも触れている。本書でもこの本からセンテンスを一つ、こっそり引用した。

「技術者と企業経営」というテーマは、自分が就職する直前、１９８６年に、後にソニーに入社した友人の勧めで**『ＣＤはこう生まれ未来をこう変える』**（著者は天外 伺朗＝元ソニー役員の土井利忠氏、ダイヤモンド社、絶版）を読んで以来、ずっと心の中にあり、ついにそれを形にできた。30年以上自分の本棚に置いてあった「本」の力を改めて思う。

マツダ
心を燃やす逆転の経営

発行日　2019年5月1日　第1版第1刷発行
2019年6月26日　第1版第4刷発行

著者　山中 浩之
発行者　廣松 隆志
発行　日経BP
発売　日経BPマーケティング
〒105-8308
東京都港区虎ノ門4-3-12
https://business.nikkei.com/
編集　山崎 良兵
写真　マツダ提供（別記なきもの）
帯写真　橋本 正弘（プロタート）
装丁　中川 英祐（トリプルライン）
制作　トリプルライン
図版作成　エステム
校正　株式会社円水社
鎌田 由貴子
印刷・製本　大日本印刷株式会社

※本書の一部は「日経ビジネス」2018年2～3月に連載された「マツダ　変革への挑戦」を基にしております。

ISBN978-4-296-10089-7